梁素娟 / 编著

墨菲学

MURPHY'S LAW

I

从发现它的第一天起
墨菲学就一直让人心神不宁

中国华侨出版社
北京

图书在版编目（CIP）数据

墨菲学. 1 / 梁素娟编著. —北京：中国华侨出版社，2018.3

ISBN 978-7-5113-7414-1

I.①墨… Ⅱ.①梁… Ⅲ.①成功心理—通俗读物 Ⅳ.①B848.4-49

中国版本图书馆CIP数据核字（2018）第020277号

墨菲学 Ⅰ

编　　著：梁素娟

出 版 人：刘凤珍

责任编辑：千　寻

封面设计：韩立强

文字编辑：郝秀花

美术编辑：张　诚

插图绘制：朱　杰

经　　销：新华书店

开　　本：720 mm×1020 mm　　1/16　　印张：20　　字数：270千字

印　　刷：北京华平博印刷有限公司

版　　次：2018年5月第1版　　2018年5月第1次印刷

书　　号：ISBN 978-7-5113-7414-1

定　　价：38.00元

中国华侨出版社　北京市朝阳区静安里26号通成达大厦3层　邮编：100028

法律顾问：陈鹰律师事务所

发 行 部：（010）58815874　　　　传　　真：（010）58815857

网　　址：www.oveaschin.com　　　　E-mail：oveaschin@sina.com

如果发现印装质量问题，影响阅读，请与印刷厂联系调换。

　　生活中，很多人都有过这样的经历：出门怕碰见某人，但偏偏就会遇到；课下没有复习，心中祈祷着老师千万不要叫你回答问题，但课堂上老师偏偏就提问你；乘公交车没座位的时候，总是自己站的位置附近的座位不空出来；有座位的时候，你越是累，越会有老人上来；开车的时候，总是旁边的车道走得快些……这就是著名的墨菲学。它就像一个神秘的幽灵，不时地捉弄着人们，让人哭笑不得、心神不宁。

　　墨菲学又译为墨菲定律，也有人诙谐地称它为"倒霉定律"。墨菲定律是以一个叫爱德华·A.墨菲的人命名的。1949 年，他到爱德华兹空军基地参与美国空军的 MX981 火箭减速超重实验。他和同事们一起进行了实验，以测定人类对加速度的承受极限。其中一个实验是将 16 个火箭加速度计悬空装在受试者上方，而不可思议的是，负责装配的同事把这 16 个加速度计全都装反了！沮丧的墨菲不经意间开了这个同事一个玩笑："如果做某项工作有很多种方法，而其中有一种方法将导致事故，那么一定会有人按这种方法去做。" 这句话被称为"墨菲定律"，并被表述为："如果一件事有可能出错，它就一定会出错。"从此，墨菲定律迅速流传，扩散到世界各地，并演变成了各种各样的形式。后来，"墨菲定律"被收入《韦氏国际词典》，与"帕金森定律""彼得原理"一起被称为 20 世纪西方文化中最杰出的三大发现。

　　墨菲定律其实并不是一种强调人为错误的概率性定理，而是阐述了一种偶然中的必然性。在很多事情上，人们总是盲目乐观、心存侥幸，他们相信自己担心的事情并不会发生，即便发生了，也很快会过去。这种盲目的乐观与侥幸心理让我们忘记了，在茫茫的宇宙之中，人类的智慧其实是肤浅且幼稚的。正是墨菲定律告诉我们，世界是庞大而复杂的，虽然人类十分聪明，且正在变得越来越聪明，却无法彻底地将万事万物都掌握在自己手中。人类有自身的局限性，即使再有智慧，也永远无法完全了解世间万物；即使再聪明，也不可避免地会犯各种错误。不论科技有多进步，有些不幸和错误总会发生，而且人类越是自以为手段高明，面临的麻烦就越严重。

墨菲定律虽然多以玩笑的形式展现，但却蕴含着很深刻的道理，其含义也渗透到各个领域。它甚至无处不在，当你无视它的存在时，就会受到墨菲定律的惩罚；相反，如果你承认自己的无知，它就会帮助你防患于未然。

墨菲定律无疑对我们有着巨大的警示和指导意义。它提醒我们，不要盲目乐观、狂妄自大。错误是这个世界的一部分，与错误共生是人类不得不接受的命运；面对人类自身的缺陷，我们要学会如何接受错误，并不断从中总结经验教训，以防止人为失误导致的损失和灾难。所以，我们在事前应该尽可能想得周到、全面一些，采取多种保险措施，清扫死角，消除不安全隐患，降低事故发生概率。

本书从实用的角度出发，分门别类地介绍了墨菲学在多个领域的体现，这些都是人们从不断变化的生活中提炼出来的精华部分，并对其逐条进行了深入浅出的解读，将一把把智慧的钥匙交到读者的手上。相信此书能够让广大读者在轻松愉快的氛围中吸收墨菲学的精华，多一分清醒，多一分智慧，不忽视小概率事件，坚持预防为主的原则，从而大大提升对错误的警惕性和免疫力，为大家获得各方面的成功提供有力的思想保证。

Contents
→ 目录

为什么当你认为事情会按照预期计划顺利进行的时候，就一定会在最关键的时刻出错？为什么在紧要关头一定要做出选择时，大部分人都会选择最糟糕的那一个？为什么当你说起一件事情的时候，是好事，马上就会消失；是坏事，马上就会发生？为什么当你遇到麻烦的时候，如果保持谨小慎微，麻烦就会演变成更加混乱的情况……为什么世界上的一切都变得混乱不堪，是上帝在捣乱吗？其实在各个领域都有自己的规律，你一旦踏入了这些规律的范围，就会不自觉地按照这些规律办事。这些规律深入到生活的方方面面，如果足够细心，一定能够发现它。

为什么当你费尽心思终于找到一个更为简单、便捷的方法解决问题时，这件事往往已经做完了？为什么把物体拿出来要比把它放回去更省事，而有些东西一旦拿出来就放不回去了？为什么每次剪完指甲后过不了多久就会用到它们；如果不剪的话，又总是会在行动的时候不小心划伤别人或者自己？人们在做一件事的时候总是无法厘清头绪，但是在冥冥中似乎上帝又安排好了一切。在做事情的时候需要技巧，但是只有技巧又无法应对所有的事情。要知道，有时候在做事时不按常理出牌也不一定会输，也许反而会取得胜利。

男人的年龄靠自己来感觉，女人的年龄则是靠别人来感觉。男人的衣柜都是合身的服装，而缺少流行的服装；女人的衣柜只有流行的服装，而缺少合身的服装。在路上遭到劫持的话，男人关心的是自己的钱，而女人关心的则是自己的脸，所以男人通常会被打伤，而女人则会将钱乖乖奉上……男女天生就不相同，男人说女人的心思你别猜，女人说男人的心思深如海。男人和女人互相排斥，却又相互吸引，这种由于性别而引发的一系列问题，生动又有趣。

如果你觉得某个女孩很漂亮的话，她的男朋友一定会验证你的观点。如果身边没有家长担任恋爱、婚姻警察，人们都会觉得自己真的可以不用结婚。只有身边的朋友全部都嫁人了，单身女人才会感到结婚的压力……这些现象并不奇怪，它可能正在我们身边发生着，爱情与婚姻是男女相遇后面临的第一个关卡。你能否闯关成功，这不仅需要你的理性判断，还需要加点运气。爱情这锅浓汤是否美味，不仅要看食材，更要看火候，当然也离不开你的妙手烹饪。

别和傻瓜吵架，因为别人分不清谁是傻瓜。在争辩的时候，最难被辩倒的就是沉默。当你指责对方的时候，就会发现你自己也应该受到同样的指责。在日常生活中，经常说"我才没有那么傻"的人，久而久之，人们就会将他当成一个傻瓜。不管你说什么，世界上总有五分之一的人对所有的事情都反对……这些都是你在说话时会遇到的一些特殊情况。这些情况的发生看似一场闹剧，但是即便是闹剧也会有编剧，一切按照剧本进行的剧情，你猜到了吗？当然，大部分时间人们在说话方面并没有剧本可言，但是这并不妨碍你按照口才墨菲学给出的定律来开口说话。

所有人都会有意无意地进行形象管理。对于一个外表漂亮或英俊的人来说，人们更容易误以为她或他在其他方面也会表现不错。漂亮是一层面纱，它常常被人们用来遮掩很多缺点，如果你连这层面纱都没有，那么你的缺点会暴露无遗……人类社会是无比残酷的，长得漂亮的人就是比长得丑的人更受人欢迎。上帝给长得漂亮的人多了一些资本，当然如何去经营则全靠自己。今天，你进行形象管理了吗？

在处世方面，有很多值得品味的道理，如果你帮助了一个急需要用钱的朋友，他一定会在下次急需要用钱的时候记得你。向别人解释出错的原因要比做对事情花费更多的时间。如果在做一件事的时候必须要摆平全部不同意见，那么什么都做不成……这些看似有些荒谬的定律，如果细细品味，不难发现其中蕴含的真理。每个人都有自己的处世风格，不过这也不妨碍他去遵循一些世上的规则。处世技能并不简单，不要掉以轻心，不然，你就会失败。

时间永远是最公平的，给每个人都是 24 小时；时间也是最不公平的，给每个人都不是 24 小时。一分钟到底有多长？这要看你到底是蹲在厕所里面，还是等在厕所外面。敢于和时间赛跑的人，不一定会赢得过时间。普通人总在想着如何打发时间，而精明干练的人却总在想着如何有效地利用时间……时间墨菲学给予了人们对时间不一样的看法，时间像个捣蛋鬼，因为人们总是无法捉住它的影子，不过高明的人似乎给时间套上了一个项圈，可以将它随时掌握在自己手中。时间是人类构想出来的，也是客观存在的。你抓住时间了吗？

为什么当你在一间房子里整理东西，而这时需要到另一个房间寻找东西，当你踏入这个房间的时候，你马上就会忘记自己要找的东西？为什么刚刚走出考场，你就会马上想起考试试题的正确答案？为什么你虽然费尽全力记住了对方的样貌，却总是记不住对方的名字……记忆力是人类与生俱来的天赋，不过如何运用好这个天赋，似乎还需要掌握一些技巧。不然的话，你将会被记忆捉弄，它会将你在大脑中储存的东西掏空，有时也会塞进错乱的记忆。今天，你的记忆程序出错了吗？

知识能够给人们带来重量，而成就则可以给人们带来光泽。但是大多数人只看到了光泽却掂不出重量。很多人都不知道，知识大多是从让印刷商赔钱的书籍中获得的。每一个研究人类灾难历史的人都明白一个道理：世界上大部分的不幸都来自于无知。

不好的书会告诉你错误的概念，让无知的人变得更加无知……人们生来就是一张白纸，人们总是觉得在白纸上填上什么东西至关重要，却有人忘了白纸的材质也十分重要。一张材质好的白纸，人们自然不愿意在上面乱涂乱画；而一张材质糟糕的白纸，抱歉，可能是练手的牺牲品。求知与治学没有公平而言，不然怎么会有天才和傻瓜的差别呢？

如果我们雇用的员工能力比自己差，那么他们只会做出比自己更差的事情。一旦公司中有敢于在公司对工作发牢骚的人，那么这家公司或者老板一定比那些没有这种人或者有这种人但只能把牢骚闷在肚子里的公司或者老板成功得多。在面对诸多批评的时候，下级常常只记住了开头的一些，其余都过滤掉了，因为他们正在忙着思考列举什么样的证据来反驳开头的批评……很多人都认为管理是一门精深的学问，其实管理也很有趣，比如你不记得手下员工的名字，这说明你的公司太大了。管理不是一些晦涩难懂的知识，只要你愿意，管理可以很有趣。

为什么没有错误的重要邮件总会在发送的过程中产生错误？为什么做任何事情，特别是重要的事情时，要注意随时做好备份，一旦没有做好备份，原件就会坏掉？为什么如果不小心在打字机上同时按了两个键，打到纸上的一定是按错的那个键？为什么在办公室中，糊涂会让你被别人认为是没有主见，不糊涂则会让别人认为你很难相处……在办公室这个区域中处理的不只有工作，还有一些人际关系。办公室是一个充满魔性的地方，一些奇奇怪怪的事情经常会在这个狭小的区域中发生。

为什么你被关注的程度与你犯错误的次数会成正比？也就是说你被关注的程度越高，那么犯错的次数也就越多。为什么一旦事情搞砸了，任何改进措施都会让它变得更糟？为什么一个人要么掌握很好的专业技能，要么能够在生活中无孔不入，不然很难生存下去？为什么当你打开一个文件的时候，文件的可读性永远与它的重要性成反比……对于工作这项每个人都要去做的事情，它是严肃的，也是有趣的，它是复杂的，也是简单的，没有人去定义工作的性质，但是只要工作就一定会出现问题。你的工作技能是否会捉弄自己呢？答案应该是肯定的。

在消费与销售中，我们经常会看到下面的现象：如果一种产品保证60天不会出现质量问题，那么到了第61天就一定会坏掉。不管你花了多少时间与精力货比三家，一旦买了下来，就马上会有商家在搞促销打折。人们拥有了一件全新的物品后，又会忙碌着为这件新物品配置新的物品。如果衣服的标签上写着"均码"，那么就代表只有部分人能穿……消费和销售并不是简单的等价交换，它也并不等价，在这场你情我愿的交易中，双方各自谋取自己想要的东西。你要怎么玩弄手中的金钱或者物品，一切全由自己决定。

为什么对投资不进行研究，就像是打扑克不看牌一样，必败无疑？为什么投资者的心理永远都是从众和追涨杀跌，但大家都在赚钱的时候却恰恰是集体套牢的危机时刻？为什么当众人都恐惧市场的下跌，真正有勇气入市的投资者仍是少之又少，但其中的成功比率却总是最高的？为什么投资理财不仅需要专业性知识，更加需要好性格、好脾气？冲动投资只会让你血本无归……金钱的游戏，所有人都可能一夜暴富，也可能一夜清贫，没人能预测这场游戏的输赢，包括上帝。

第1章

→ 通用墨菲学

　　为什么当你认为事情会按照预期计划顺利进行的时候，就一定会在最关键的时刻出错？为什么在紧要关头一定要做出选择时，大部分人都会选择最糟糕的那一个？为什么当你说起一件事情的时候，是好事，马上就会消失；是坏事，马上就会发生？为什么当你遇到麻烦的时候，如果保持谨小慎微，麻烦就会演变成更加混乱的情况……为什么世界上的一切都变得混乱不堪，是上帝在捣乱吗？其实在各个领域都有自己的规律，你一旦踏入了这些规律的范围，就会不自觉地按照这些规律办事。这些规律深入到生活的方方面面，如果足够细心，一定能够发现它。

▶ 出错的概率

墨菲定律：只要是有可能出错的事情，就一定会出错。

※ 推论

1. 事情永远不会像表面上那么简单。

2. 如果有几件事情会出错，那么这几件事情会同时出错。

3. 如果有几件事情会出错，而并没有同时出错，那么危害性最大的那件一定会出错。

4. 在事情出错的时候放任不管，事情会变得越来越糟。

5. 解决事情所花费的时间永远会超出预期。

6. 每当你想要开始干一件事情的时候，就必须要先处理其他的事情。

7. 所有解决方案都会带来新的问题。

8. 如果你发现一个流程中有四处破绽并成功采取了防范措施，那么第五个破绽立刻就会出现。

▶ 事情太顺利会出错

奇泽姆第一定律：只要一切事情都按照预期顺利进行，那么就会有事情出错。

※ 推论

1. 每当你觉得事情已经糟透了时，它还会变得更糟。

2. 每当事情出现好转的时候，肯定是你没有参与的时候。

▶ 紧要关头可能会选择最糟糕的

鲁丁定律：如果在紧要关头一定要做出选择，那么大部分人都会选择最糟糕的那一条。

▶ 结局总是糟糕的

帕德定律：开头良好，结局糟糕。开头糟糕，结局会变得更糟。

▶ 不管是好事还是坏事都不能说

不能说的定律：每当你说起一件事情的时候，是好事，马上就会消失；是坏事，马上就会发生。

▶ 每件事情都有一定的影响力

辐射定律：每当你做一件事情的时候，不只这件事情会受到影响，与它相关的一些事情也会受到影响。

※ 推论

这个世界的每件事之间都存在着一定的联系，没有事情是完全独立的，想要解决某个难题，最好可以从其他方面入手，不要只在一个地方死抠。

▶ 无法避免愚蠢

愚蠢定律：愚蠢是无法避免的，因为愚蠢都太有创造力了。

▶ 好事情会擦肩而过

好事转眼即逝定律：如果等待好事情的降临，它们早晚会到来，但是不要等太久，它们会擦肩而过，就像两艘在夜间行驶的船，一切都回不到原本可以相遇的那一瞬间。

▶ 规则的掌握

规则定律：规则很难掌握，如果掌握了，规则马上就会改变。

▶ 注意力很难集中

妄想症原理：没有得妄想症的人，通常注意力都很难集中。

▶ 错上加错得对的做法

错上加错法则：错上加错通常都不会马上得到正确答案，通常要犯上三四次错误才行。

▶ 对你有利的真相没人会相信

真相定律：如果真相对你有利，那么一定没有一个人会相信你。

▶ 天才与笨蛋的差别

天才定律：天才与笨蛋的最大差别，就是天才有一定的局限性。

▶ 总发生在你身上的倒霉事

倒霉应验定律：那些可能碰到的倒霉事，总是会在你身上应验。

▶ 明天你就可能威风扫地

弗雷德定律：今天是威风凛凛的公鸡，明天就可能会变成威风扫地的鸡毛掸子。

▶ 成功时会开始真正的祸患

克里斯托尔定律：失败是一件十分麻烦的事情，但是却不是最麻烦的事，因为你获得成功的时候，祸患才真正地开始。

▶ 何时扔掉第一个

第一定律：在拿到第二个之前，千万不能将第一个随便扔掉。

▶ 你没有掌握任何事的全部

马歇尔广义冰山定律：世界上所有的事情只能了解到它的八分之一。

▶ 生活中的小洞

格里森之谜：毫不起眼的小洞最终会使最大的容器流空，除非是故意用它来排水的，可是在这种情况下，这个小洞又会被堵上。

▶ 小问题是大问题的代表

豪利大问题定律：每个小问题里都藏着一个大问题，不过每次都是由小问题出来露面。

▶ 事实与理论不一致

梅勒定律：如果事实与理论不符，那么事实最后肯定会被除去。

▶ 不期待与期待的事情

期望的非互逆定律：不期待发生的事情不会发生，而期待的事情也实现不了。

▶ 物体掉落的标准

选择性重力定律：物体掉落的方式总是以将损害变得最大为标准。

▶ 你喜欢的都是被讨厌的

喜欢定律：只要是你喜欢的东西，都是非凡的、不道德的或者是让你的身体发福的。

▶ 落在苍蝇拍上的苍蝇

利希滕贝格观察：如果苍蝇不想被打死，那么落在苍蝇拍上最安全。

▶ 做与错

出错定律：多做事多出错，少做事出错就少，不做事就不会出错。

▶ 错误被容忍

菲利普定律：只要对不应该发生的错误设立一个可以接受的标准，那么这个错误就会永远存在，而一旦这个错误不被接受，它就会自然而然地消失。

▶ 遇到麻烦谨慎

混乱定律：当遇到麻烦的时候，如果依然谨小慎微，那么麻烦就会演变成混乱。

▶ 事情的结局

结局定律：所有的事情，如果没有结局，那么一定会比有一个可怕的结局更可怕。

▶ 有人围观会出问题

围观墨菲定律：当有人在一旁围观的时候，一切都会出问题。

▶ 站在悬崖边的感觉

悬崖边两难定律：当你站在悬崖边的时候，既是需要保持冷静的时候，也是永远不能保持冷静的时候。

▶ 何为预测

预测定律：你总能在事情发生之后，成功做出正确的预测。

▶ 消息都是坏消息

消息定律：当你正在等待一个消息的时候，出来的结果往往就是坏消息。

▶ 最后一名的完成度

比赛墨菲定律：当进行比赛的时候，最后一名完成的往往是最差的。

▶ 事出有因

因果定律：所有事情的发生都有一定的原因。换句话说，当你看到任何现象的时候，你都不用觉得这是不可理解或者奇怪的，因为所有事情的发生早就埋下了原因，你现在的状况是你过去的行为所导致的。

▶ 积累的结果

累积定律：很多年轻人都曾经梦想要成就一番大事业，事实上世界上并没什么大事可做，有的只是小事。只有把一件又一件的小事积累起来才能形成大事。所有大的成就或者大的灾难都是积累造成的结果。

▶ 所有的事情都存在联系

相关定律：世界上所有的事情之间都存在着一定的联系，没有事情是完全独立的。要解决某个难题最好能够从其他方面入手，而不应在一个困难点上较真。

▶ 所有事情加强之后……

惯性定律：所有事情只要你能够一直不断地去加强它，它最终一定会变成习惯。

▶ 错上加错只是开始

科恩理解的墨菲定律：错上加错不过是一个开始而已，在此之后，还会有更多与预期相反的状况出现。

▶ 一般人觉得自己不一般

巴西谚语：一般的人总会觉得自己不一般。

▶ 什么时候会感到无聊

福瑞斯科发现：要是你明白自己在做什么，你就会感到很无聊。

如果你不知道自己在做什么，你会感到更加无聊。

▶ 时间能够拨快，成功却无法加速

成功不可加速论：时间能够拨快，但是成功却无法通过加速到达。

▶ 通往成功的电梯总是失灵

通往成功的电梯总是失灵，不过值得庆幸的是，你还有腿，可以爬楼梯，一步一个台阶。

▶ 讨好所有人必败

美国新闻工作者忠告：我没有成功的秘诀给你，必败的一条就是去讨好所有的人吧！

▶ 失败对于弱者的意义

失败定律：失败对于终究会获得成功的人来说是个逗号，而对于弱者则是个句号。

▶ 人们只会记住你的两个方面

人们只会记住你的两个方面：你解决的问题，你制造出来的问题。

▶ 没有立场的结果

立场定律：立场之所以重要是因为它只要一走，所有的人都要全体趴下。

▶ 懂得抓住机遇的人

抓住机遇定律：懂得抓住机遇的人，即便是被人踩到脚底下，也依然能够抓住那个人的鞋带站起来。

▶ 机会是上帝的笔名

法朗士谈机会：机会大概就是上帝不愿意签署真名的时候用的笔名。

▶ 脸皮无用

脸皮定律：人死之后，脸不过是一层灰，脸皮又有什么需要注意的呢？

※ 推论

抓住每次丢脸的机会，感谢每一个让你丢脸的人。

▶ 聪明人不能成功的原因

聪明人失败定律：聪明人不能有所成就，是因为他们在小得小失中耗费了太多的精力。

▶ 野心是优点的根源

野心定律：尽管野心本身是一种缺点，却常常是优点的根源。

▶ 用严肃眼光看有趣的事情

无聊定律：用严肃的眼光看有趣的事情，看着看着，有趣的事情也会变成无趣的事情。

▶ 欺负弱者和强者

欺负定律：欺负弱者是不道德的，欺负强者是不明智的。

▶ 别着急去发现自己是谁

威廉·亚瑟·沃德定律：别着急去发现你是谁，而是要尽快决定你要做谁。

▶ 被喜欢不值得炫耀

被喜欢定律：被喜欢并不是什么值得炫耀的事情，因为蚊子不是也喜欢人吗？

▶ 变质的缺点会殃及优点

缺点变质定律：千万不要藏着自己的缺点，如果变质了，将会殃及你的优点。

▶ 废牌与好牌

世上无废牌定律：在自己手上的一张废牌，在别人的手上可能就是一张好牌。

▶ 盲目与勇气

盲目与勇气定律：盲目可以增加你的勇气，因为你无法看到危险。

▶ 想扶正歪掉的影子

影子定律：如果人类看到自己的影子歪了，如果他想弯下身子将自己的影子扶正，那么他的影子将会变得更歪。

▶ 走路

松下幸之助定律：当你决定走一条路的时候，千万不要断言走另一条路的人是傻瓜，因为你可能会成为那个傻瓜。

▶ 人们犯错误是因为总以为自己什么都懂

卢梭犯错定律：人们之所以会犯错误，不是因为他们不懂，而是因为他们总以为自己什么都懂。

▶ 骨子里存在问题最可怕

泰戈尔定律：世界上最糟糕的事情莫过于表面上平安无事，但是骨子里却存在问题。

▶ 所有的风都是逆风

塞涅卡定律：如果一个人连自己想要驶向哪里都不知道，那么所有的风对于他来说都不是顺风。

▶ 夭折的莫扎特

圣埃克苏佩里观察：在每个人身上，或多或少都存在着一个夭折的莫扎特。

▶ 总有人赞美傻瓜

尼古拉斯定律：傻瓜总能发现有比他更傻的人在赞美他。

▶ 蠢人的职责

萧伯纳讽刺：蠢人做自己感到惭愧的事情时，总是对外界宣称那是自己的职责。

▶ 真理站在少数人的一边

柏拉图定律：真理很多时候都站在少数人一边。

▶ 人们常常将真理与错误混淆

歌德箴言：人们常常将真理与错误混在一起去教人，但是坚持下去的常常是错误的。

▶ 傻瓜的旁边一定有骗子

巴尔扎克观察：骗子总喜欢站在傻瓜的旁边。

※ 推论

1. 骗子的附近肯定有傻瓜。
2. 骗子专门挑选傻瓜行骗，如果你上当了，说明你是个傻瓜。
3. 如果你是个傻瓜，那么你一定会被骗。

▶ 世界上最大的麻烦

罗塞尔定律：世界上最大的麻烦莫过于愚者十分肯定，但是智者却满腹怀疑。

▶ 两个流氓比一个流氓凶恶十倍

萧伯纳箴言：两个饥饿的人不比一个饥饿的人饥饿两倍，但是两个流氓却会比一个流氓凶恶十倍。

▶ 世界上最困难的事

海顿观察：世界上最大的困难：第一，获得名声；第二，在活着的时候维持它；第三，在死后依然可以保持它。

▶ 命运与盲目

西塞罗命运定律：命运女神不仅自己盲目，还会让她偏爱的人变得盲目。

▶ 非做不可的事情

哈谢克定律：非做不可的事情，聪明人一开始就做，而傻瓜会等到最后才做。

▶ 大部分的傻瓜

富兰克林观察：大部分的傻瓜认为自己只是无知罢了。

▶ 当事人容易犯错误

缪塞观察：世界上最奇怪的事情，就是越是当事人，越容易犯错误。

▶ 一个人不可能骑两匹马

骑马定律：一个人不可能骑两匹马，骑上一匹马，就一定会从另一匹马上掉下来。

▶ 早已司空见惯的风景

最高的风景法则：爬到最高的境界，你会赫然发现，其实那里的风景自己早已经司空见惯了。

▶ 让人不舒服的消息，都是真的

消息定律：让人感到不舒服的消息，往往都是真的。

※ 推论
1. 如果一个消息是真的，那么它通常是个坏消息。
2. 那些让人感到舒心的消息，往往是假的。

▶ 黑夜让眼睛失去作用，却让耳朵更加灵敏

莎士比亚黑夜定律：黑夜让眼睛失去了它的作用，却可以让耳朵变得更加灵敏。有所失必有所得，对于失去的不必忧愁，对于得到的值得欢欣。

▶ 上升的路与下降的路是同一条路

赫拉克利特定律：上升的路与下降的路往往是同一条路。路始终都没有变，变的只是自己的想法。

▶ 超凡脱俗和受人尊敬

孟德斯鸠定律：每个人都想要超凡脱俗，结果每个人都变成了一个样子，很难看出特别来；每个人都想受到尊敬，结果谁都得不到尊敬。

▶ 争取某种美好的事物时

密尔定律：当我们正在争取某种美好的事物的时候，我们在其他的方面可能正在退步。

▶ 进步是因为适当的妥协而产生的

甘哈曼定律：进步是因为适当的妥协而产生的，往后退一步是为了更有力地向前冲刺。

▶ 原来的东西正在死亡

卢克莱修定律：所有东西的变化一旦超出了自己的界限，那就意味着原来的那个东西马上就要死亡。

▶ 低垂的乌云不会产生好结果

维加诺定律：低垂的乌云不会预示着什么好结果。既然看见了就不要心存侥幸，觉得过会儿不会下雨。这时，要把晒着的东西及时收起来，以免造成不必要的损失。

▶ 只有"变化"不变

桑桂尔定律：所有的东西都在变化之中，只有"变化"是永远都不变的。

▶ 生活中最好的东西被毁掉了

斯特林堡定律：如果想要将什么调查得水落石出，就会毁掉生活中最好的东西。

▶ 结果会随原因而来

泰勒定律：一件事情的原因一旦产生，那么结果就将会不可避免地随之而来。

▶ 从伟大到可笑

雨果定律：从伟大到可笑，往往只差一步。但是，这一步会比之前的几千几万步更加艰难。

▶ 改变东西的本质很难

孟德斯鸠改名定律：为一件东西改变名称是很容易的，但是想要改变这件东西的本质却是困难的。

▶ 取了不恰当的名称

坂田昌一定律：很多人认为名称不过是一个符号，怎么选取都可以；但是名以表实，如果运用了不恰当的名称，常常会连本质都被人误解。

▶ 被傻瓜赏识的杰出的人

歌德定律：一位杰出的人受到一群傻瓜的赏识，是一件很可怕的事情，这可能意味着你的上限就是他们。

▶ 祸害来临的时刻

寺田寅彦定律：祸害总是在你快要将它忘记的时候悄然而至。

▶ 不幸的人安慰自己

伊索智慧：不幸的人往往会用别人更大的不幸来安慰自己，而不是用更有成就的人来激励自己，这是多么可悲的一件事情。

▶ 人类对真理和谬论的态度

拉·封丹定律：人类常常对真理冷若冰霜，却总是对谬论热情似火。

※ 推论

1. 既然每一个错误命题的反面就是一个真理，那么真理的数目与谬论的数目应该是相同的，也是没有穷尽的。

2. 今天人们都在交口称誉的真理，明天就可能变成不值一钱的谬论。

3. 谬误即便再坚持也变不成真理。

▶ 偏左偏右都错

贺拉斯定律：偏左偏右都是错误的，唯一不同的只是错误的方向罢了。

▶ 反对意见让人们意识到自己的错误

笛卡尔意见定律：反对意见从两个方面对人们有益，一方面是让人们意识到自己的错误，另一方面则是大多数人比一个人看得更加明白。

▶ 甜食和良药

莱蒙托夫定律：供应给人们的甜食已经足够多了，他们的胃因此得了病，这就需要苦口的良药和逆耳的忠言。

▶ 蠢蠢欲动的人心

莎士比亚人心论：蠢蠢欲动的人心，一旦有什么剧烈的变化，就会造成不可收拾的局面。

▶ 多则容易乱

荣格定律：将大师们的绘画胡乱地堆在博物馆中是一场灾难，而让一百个杰出的有才之士凑在一起就会产生一个白痴。

▶ 别把自己当成蠢驴

托·富勒愚蠢定律：自己把自己当成蠢驴，那么就不要怪别人将你当成驴来骑。

▶ 犯罪是因为没有推理能力

巴尔扎克推论：愚昧是罪恶之源，一个人犯罪的第一原因是因为他没有推理的能力。

▶ 双料傻瓜

罗兰定律：如果看到别人做了蠢事，自己没有做，而感到快乐，那么只会证明你是一个双料的傻瓜。

▶ 无知的人受到别人的刁难比智者明知故犯强得多

萨迪无知定律：一个无知的人受到了别人的刁难，要比一个智者明知故犯强得多；因为前者只是盲人走在歧路上，而后者却是睁着眼睛失足。

▶ 理论存在之后

波普尔定律：一旦理论存在了，就开始有了一个它们自己的生命。它们能够产生以前不能预见的结果，会产生新的问题。

▶ 旧理论和新理论

萨缪尔森定律：推翻一个错误的旧理论，与其说它不符合事实，倒不如说是因为出现了一种新的理论。

▶ 充分的研究会支持你的理论

研究定律：充分的研究常常会支持你的理论。所以，空中楼阁永远只是幻想，一栋坚固的房子一定要有一个结实的地基。

▶ 人性悖论

1.所有的"开玩笑"都带着一些认真。

2.所有的"不懂"都带着一点懂。

3.每一次的"不在乎"背后都有一点点在乎。

4.每一次的"我没事"后面都有一点点伤痛。

▶ 变革引发三个阶段的反应

克拉克变革思想定律：在科学、政治与艺术等领域的每一次变革，都会引发三个阶段的反应。可以总结为三句话。

1.不可能，不要浪费我的时间。

2.可能是可能，但是不值得做。

3.我一直都说这是一个好主意。

▶ 没用的东西、坏掉的东西和丢失的东西

贝克定律：没有生命的物体在科学上通常可以分为三种——没用的东西、坏掉的东西和丢失的东西。

▶ 已知现象和它的合理假设

伯赛格公理：所有的已知现象都存在着无数个可能的合理假设。

▶ 傻瓜的特征

富勒观察：一直处于犹豫判断之中，是傻瓜的特征。

▶ 闪闪发光的，并不一定是金子

塞万提斯箴言：能够闪闪发光的东西，并不一定是金子，但是金子一定会发光。

▶ 只有顺从自然，才能驾驭自然

弗朗西斯·培根定律：只有顺从了自然，我们才有机会驾驭自然；如果你与自然对抗，一定会以你的失败告终。

▶ 真理不能被证明，也不能被否认

真理认知定律：真理就是真理，它无法被证明，但也不能被否认。

▶ 纸上的折痕，总也无法抹平

折纸定律：不管我们怎样弄，折过的纸张，上面的折痕我们总也无法抹平。

▶ 喝水越多越口渴

狄更斯定律：一个看上去自相矛盾的道理——喝水越多，越是口渴。

第 2 章

→ 应用墨菲学

　　为什么当你费尽心思终于找到一个更为简单、便捷的方法解决问题时，这件事往往已经做完了？为什么把物体拿出来要比把它放回去更省事，而有些东西一旦拿出来就放不回去了？为什么每次剪完指甲后过不了多久就会用到它们；如果不剪的话，又总是会在行动的时候不小心划伤别人或者自己？人们在做一件事的时候总是无法厘清头绪，但是在冥冥中似乎上帝又安排好了一切。在做事情的时候需要技巧，但是只有技巧又无法应对所有的事情。要知道，有时候在做事时不按常理出牌也不一定会输，也许反而会取得胜利。

▶ 方法与问题

方法迟一步定律：你总能找到一个更为简单、便捷的方法解决问题，但是往往找到的时候这件事情已经做完了。

▶ 擦不干净的玻璃

擦窗法则：在擦窗户的时候，不干净的地方总是在另一面。

▶ 拿出来比放进去省事

麦克弗森熵原理：把物体拿出来要比把它放回去更省事，有些东西一旦拿出来就放不回去了。

▶ 出错速度与好转速度

墨菲不对称原则：事情会在瞬间出错，但是想要让事情好转却总是进展缓慢。

▶ 指甲剪掉之后就有用处

剪指甲定律：每次剪完指甲后过不了多久就会用到它们；如果不剪的话，又总是会在行动的时候不小心划伤别人或者自己。

▶ 概率是用来解释灾难发生的原因

概率定律：概率的出现，只是为了解释不大容易发生的灾难为什么会发生。

▶ 设计图纸的重量与飞机的飞行

道格拉斯实用飞行定律：当设计图纸的重量与飞机重量相等时，飞机就可以飞行了。

▶ 老资格的历史学家

历史学家定律：所有事件的发生，老资格的历史学家都会认为是不可避免的。

▶ 爬到梯子顶端的觉悟

劳伦斯—彼得定律：很多人直到经过重重努力爬到梯子顶端的时候，才发现梯子搭错了墙。

▶ 将蚯蚓装回原罐子的方法

赛莫吉关于发展系统动态特性的第一定律：一旦你打开了一个盛满了蚯蚓的罐子，如果想要把这些蚯蚓装回去，最好的方法就是找到另一个更大的罐子。

▶ 转错弯之后会一直转错

转弯定律：一旦你转错了一次弯，下面会一直转错。

※ 推论

你转错的那个弯，一定是最不容易掉头的弯。

▶ 经验

卡莱尔忠告：世界上最好的老师就是经验，但是学费却高得出奇。

▶ 一个人死与五千人死

数据定律：当一个人因为意外死亡的时候，这是一个悲剧；而当五千人因为一个意外死亡的时候，这只是一个统计数据。

▶ 懂得治国的人

治国定律：所有真正知道应该如何治理国家的人，都在开出租或者理发。

▶ 报纸上的信息真实性

读报定律：你在报纸上读到的一切都是真的，除了那个你掌握了第一手资料的故事。

▶ 报纸上读到的就是新闻

报纸误导定律：世界各地的人们都会认为报纸上的东西就是新闻，即便那只是个广告。

▶ 按照喜好做事

喜好趋同定律：如果人们按照自己的喜好去做事情，那么他们将会做同样的事情，所以世界上很多人做的都不是自己喜欢的事。

▶ 岸上的人

救人定律：在岸上叫得最大声的，常常不是第一个跳下水救人的人，而跳下水救人的人往往没有精力去喊。

▶ 一半对等于全部错

美国造币厂车间的标语：一半对意味着全部错，所以你使用的钱币才没有错误。

▶ 没有风暴的船帆

雨果定律：没有风暴，船帆不过就是一张破布。

▶ 人类的问题

人类的问题只有两个：一个是因为吃不饱饿出来的，另一个则是吃得太饱而撑出来的。

▶ 鞋店老板的愿望

鞋店老板的愿望：如果你让鞋店的老板许愿，那么他会希望每个人都变成蜈蚣，当然他的愿望并不会实现。

▶ 投掷银币做决定有效的原因

投硬币定律：投掷硬币的方法有效，不是因为它能够解决问题，而是因为它在空中的时候，你已经做好了决定。

▶ 什么是愚蠢

弗洛伊德定律：所谓的愚蠢就是重复做相同的事情，却总是期望能够得到不一样的结果。

▶ 行走时不费力气的路

下坡路定律：行走时不费力气的路确实存在，但是那条路一定是下坡路。

▶ 你一定会被麻烦击中

麻烦定律：如果你看到十个麻烦在沿着马路向自己滚来，你要相信滚到你身边的时候已经有九个掉进了沟里，但是你一定会被那剩下的一个击中。

▶ 发明家与天才

陀思妥耶夫斯基：发明家与天才在他们的事业刚刚起步的时候几乎都会被别人当成傻瓜。

▶ 九十九次结论与第一百次的结论

爱因斯坦箴言：反复思考了几个月才知道，有九十九次结论是错误的，可是第一百次却对了，所以不到最后一刻千万不要放弃。

▶ 不可能同时知道所有东西的位置

海森伯格测不准原则：你不可能同时知道所有东西的位置。

※ 推论

1. 找到一件东西，另一件可能就会消失不见。所以，你总是在找某样东西。
2. 找东西最快的方法就是去找别的东西。
3. 在找东西的时候，你总是能够找到不想找的东西。

▶ 什么是物理学家

亚里士多德：物理学家的事业就是将理论与实践进行统一，虽然有时候两者很难真正做到统一，因为我们总有新的发现，所以实践总在变化，理论总在发展。

▶ 没有行动就没有快乐

迪斯雷利定律：行动不一定会带来快乐，但是如果没有行动就一定没有快乐。

▶ 事情的成功往往是因为侥幸

拉罗什富科侥幸定律：人们总为自己做出了漂亮的事情而沾沾自喜，但是事实上事情的成功常常是因为侥幸，而不是因为事先就设计好了的。

▶ 你不敢着手的工作

波德莱尔定律：没有一件工作是总在耗费时间的，除了那件你不敢着手进行的工作。

▶ 离开实验室的科学家

巴斯德定律：科学家一旦离开了实验室，就如同在战场上被缴了械的战士。

▶ 一步实际行动与一打纲领

马克思忠告：一步实际行动要比一打纲领更加重要。

▶ 经验是学费最贵的学校

富兰克林定律：经验是学费最贵的学校，但是它是唯一可以让我们赤裸裸地接触到真相并从中学到东西的学校。

▶ 最聪明的人最容易受骗

葛拉西安箴言：最聪明的人最容易受骗，因为他们或许有很多不同寻常的知识，但是他们却不知道生活中最基本的需要是什么。

※ 推论

1. 有一些在事业上杰出的人，往往是生活中的白痴。

2. 把自己的优点打造到让别人忽视你的缺点才是真正的成功。

3. 再努力和优秀的人，也有自己实现不了的愿望。

▶ 正直的人不会成为暴发户

米南德定律：正直的人永远不会成为暴发户，因为他们大多都太过死板。但是，他们却可以是天生的贵族。

▶ 经验就像是船的尾灯

经验定律：对大部分人来说，经验就像是船的尾灯，只会照亮航行过的航路。

▶ 招聘和招婿相反

招聘与招婿：招聘大多都是"有相关经验者优先"，而招婿则正好与之相反。

▶ 心变小的后果

心的定律：心一旦变小，所有的小事情就容易变大；相反，如果你的心胸足够宽大，所有的大事都会变成小事！

▶ 喷泉的高度超不过源头

喷泉理论：喷泉的高度不会超过源头，一个人的事业也是如此，他的成就绝对不会超过他的信念。

▶ 蜗牛并不比人有毅力

蜗牛法则：如果你认为蜗牛比人有毅力那就错了，因为它们不过是按照大自然赋予的速度散步罢了。

▶ 缺陷有时会让你成功

缺陷有利定律：一个人的缺陷有时候常常是上天赐予他的成功信息，所以你可以利用你的缺陷。

▶ 质量与价格

质量定律：质量会一直被人们牢记，而价格则容易被人们淡忘，所以质量差的东西，即便价格再便宜也会被人们所遗忘。

▶ 天鹅蛋与养鸡场

天鹅定律：只要你是天鹅蛋，就算生在养鸡场也不会有什么关系；而鸡蛋就算是生在天鹅堆里，也没什么用。

▶ 出人头地的秘籍

出人头地定律：出人头地的秘籍是先让你的屁股离开椅子，如果一直坐下去，等待你的只有失败。

▶ 停在港湾的船很安全

造船定律：船停在港湾中固然会很安全，但是那并不是造船者的目的。

▶ 没上膛的枪与猎物

打猎定律：通常在枪还没有上膛的时候，猎人会看到很多猎物。一旦枪上好了膛，所有的猎物就不见了。可见，时刻做好准备比临时抱佛脚要强很多。

▶ 看错了世界

泰戈尔定律：我们看错了世界，却常常说是世界欺骗了我们。世界没有那么可怕，可怕的是我们充满懦弱、退让、恐惧、憎恨的心；世界也没有那么友好，友好的只是我们向世界传达的无条件的爱和善良。

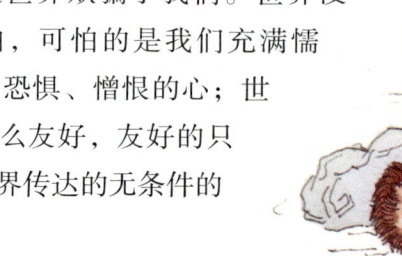

▶ 坏人与律师

律师定律：辩证法告诉我们，如果世界上没有坏人，那么就没有好律师。事物的存在都是相辅相成的，所以很多时候是非没有那么的绝对。

▶ 人们讨厌臭袜子

臭袜子定律：人们讨厌臭袜子，就把它扔到了床下，其实，袜子并没有什么错，罪魁祸首是人们的脚。

▶ 投进大海的鱼子

巴巴耶娃定律：投进大海中的鱼子，到最后不一定都能长成鱼，它们也可能早就变成了其他生物的食物。

※ 推论

1.你的出生不一定能够代表你将来的成就，就像鱼子不一定能够长成鱼。

2.你再有潜力，但是没有生存的技巧和能力，也会死在残酷的竞争中。

▶ 蚂蚁搬不动一把椅子时

蚂蚁定律：蚂蚁的力量再大也搬不动一把椅子，但是它们会想一想其他的方法，比如吃掉它。

▶ 希望是什么

培根希望定律：希望是世界上最美味的早餐，但却是最糟糕的晚餐。因为它在你充满朝气的时候，会给予你无限的动力和美好的蓝图；但是，在日落黄昏的时候，却可能成为你悔恨和遗憾的根源。

▶ 最安全的路

纪德定律：多数人走过的路最为安全，但是千万不要指望能够在这样的道路上碰到很多猎物，或者不一样的宝藏。因为没有谁比你蠢，能够被挖掘的早就被挖空了。

▶ 规矩总是比规矩走路的人快得多

走路定律：规规矩矩走路的人也会常常感到不舒服，因为规矩往往比他们走得快得多。

▶ 小辈们全都朝另一条路跑了

担心定律：老一辈完全不用担心小辈们会在自己走过的路上摔跤，因为他们全都朝另一条路跑了。

▶ 人们会在自己熟悉的路上迷路

迷路定律：人们常常会在自己熟悉的路上迷路，而在陌生的环境里人们总能顺利到达自己想要去的地方。

▶ 雄狮不可与羊为伍

雄狮定律：如果你是一头雄狮，千万不要与羊为伍，因为早晚有一天你会被"咩！咩！"的声音所淹没。

▶ 从来都不树敌的人

树敌定律：从来不树敌的人，也不会有真正的知己，因为他把自己的心藏得比谁都深。

▶ 为什么往往少数人是对的

少数人法则：少数人常常被证明是对的，原因是多数人都不认真。

▶ 心理学不能真正把一种病治好

心理学定律：心理学就像是一瓶风油精，虽然可以治很多病，但是一样病也不能真正治好。

▶ 世界上很多诗句至今没有面世

诗句面世定律：世界上有很多美好的诗句，因为还没有诗人想起来，所以至今也没有面世。

▶ 电话的作用

电话定律：电话就是一种供那些不能面对面撒谎的人使用的电子谈话设备。

▶ 造物者手上的东西到了人手上

卢梭造物者定律：所有出自于自然这个造物者手上的东西都是善的，但是到了人们的手上就变成恶了。

▶ 人为什么一定要做好事

马瑟定律：如果有人问"人为什么一定要做好事"，得到的回答很可能是"这个问题就不像是好人提的"。

▶ 钓到第一条鱼的人总想钓第二条

富勒钓鱼定律：钓到第一条鱼的人总想着要去钓第二条，但是第二条总是钓不上来。

▶ 带着猫打猎

打猎法则：带着猫去打猎，逮到的只能是老鼠。

▶ 冰箱与电视之间如果没有距离

运动的流逝定律：如果冰箱与电视之间没有一段距离的话，人们恐怕连这点运动能力都失去了。

▶ 不播种的人

播种定律：一个从来不播种的人，如果有了吃不完的粮食，那么可能就是一场灾难。

▶ 如果达尔文活到今天

联合国官员观察：如果达尔文能够活到今天的话，那么他的工作主要应该是收集物种的讣告，而不是研究物种的起源。

▶ 倒霉的总是陶罐

石块与陶罐定律：石块砸陶罐，倒霉的是陶罐；陶罐去砸石块，倒霉的依然是陶罐。

▶ 怎样让众人知道棍子是弯的

鉴定定律：如果想要大家都知道一根棍子是弯的，千万不要大声吵嚷，最好的办法是在它的旁边插上一根直的杆子。

▶ 靠火苗太近会被烧伤

英国取暖定律：在取暖的时候，靠火苗太近的人会被烧伤；而如果你离火苗太远，则丝毫感觉不到温暖。

▶ 糖代替不了面包

俄罗斯民谚：虽然糖很甜，但总是代替不了面包，所以很多浪漫总是败给了现实。

▶ 锁和钥匙

锁与钥匙定律：做出锁来，也要做出钥匙来。同样，人们会给锁配钥匙，而不会去给钥匙配锁。

▶ 暖得快的屋子冷得也早

屋子定律：暖得快的屋子冷得早，暖得慢的屋子却总没人供暖。

▶ 爬得太快的螃蟹

螃蟹定律：爬得太快的螃蟹，往往进不了自己的洞；爬得太慢的螃蟹，则容易被人抓住。

※ 推论

1. 别急着做事，先看准方向再入手。
2. 期望把所有准备都做到位然后再做事的人，就会错过最佳的做事时机。

▶ 偷猎的人如果当上护林员

偷猎人的用途：经常偷猎的老手如果当上护林员的话，那么林子将会万无一失，因为他比任何人都了解对方会怎么做。

▶ 杀掉会下金蛋的鹅

杀鸡取卵定律：杀了会下金蛋的鹅，取出来的就是最后的金蛋。

▶ 苍蝇与大象互相害怕

苍蝇与大象定律：一只苍蝇与一只大象是互相害怕的。

※ 推论

1.你所畏惧的东西也往往畏惧着你的强大。

2.即使能力再有限、身份再弱小，有一天，你也有可能成为某个大人物的克星。

3.有一些充满优越感的人，往往是败在不经意的小事或小人物身上。

▶ 用瓦罐打水

俄罗斯民谚：每天用瓦罐打水，迟早有一天瓦罐会被撞破。

▶ 头发与剃刀

剃刀定律：不管头上有多少头发，剃刀都可以一下子将它们刮掉。

※ 推论

1.只要信念坚定并能够坚持，再多的毛病都可以改正过来。

2.再多的问题和麻烦，只要你用正确的方式操作，就都会迎刃而解。

3.要学会适当取舍，不要把头发全部剃掉。

▶ 计划好的事情肯定会变卦

事情变卦定律：计划好这个周末逛街，最后肯定会有变数，不是天气原因，就是其他约会等，反正是不会让你顺利实施你的计划的。

▶ 吃自助的困惑

自助餐定律：当你享用自助餐的时候，总会有一个多余的盘子干扰你的视线。

▶ 找不到的东西在最开始找的地方

找东西第一定律：你找不到东西的时候，最先找的地方，常常也是最可能找到的最后一个地方。

▶ 你正想找的东西往往找不到

找东西第二定律：你如果迫切想要找到某件东西，往往会找不到。

▶ 躺在草地上的遭遇

虫子理论：当你躺在公园的草地上放松时，全世界的虫子都会向你爬去。

▶ 不上厕所会后悔

上厕所定律：当你路遇厕所的时候，当时可能因为某些原因而决定不上了，但是过不了多久，你肯定会后悔你的决定的。

▶ 你总是排错队

排队定律：在排队的时候，另一排总是动得比较快；一旦你换到另一排，你原本站的那一排就会开始动得比较快了；你站得越久，排错队的概率越大。

▶ 看着有用，买下来没用

格雷特姆定律：看起来很有用的东西，一旦买下来，就会发现它是没用的。

▶ 掉落的东西，是容易破损的

克里普斯泰恩推论：掉落下来的东西，总是最容易破损的那一个。

▶ 害怕丢手机，手机就越会丢

丢手机定律：包里放着新买的手机，挤公交车的时候，你担心手机会被人偷走，于是每隔一段时间就会掏出来看一下，可最终手机还是丢了。

▶ 青蛙与牛

俄罗斯智慧法则：不管青蛙如何胀自己的肚皮，离健壮的牛的大小还远着呢。

▶ 狮子会被喉咙中的小骨头卡死

狮子法则：狮子也会被卡在喉咙中的小骨头卡死，所以任何时候都不要小看问题。

▶ 强迫一个人合眼

丹麦智慧：你能够强迫一个人合眼，但是你不能强迫他睡觉。

▶ 如果一个人不愿意为你办事

个人意愿的力量：如果一个人不愿意为你办事，那么他取个勺子就可以花上一个小时。

▶ 淹在水中的人

英国格言：淹在水中的人，就算是看到一根草也想抓住救命。

▶ 最好的东西变成最坏的东西

转变定律：最好的东西如果腐烂，就会变成最坏的东西。最好的防止它们变坏的方法就是马上吃掉。

▶ 不采取新方法的后果

方法与问题定律：不采取新方法的人一定会遇到新问题，而且这个问题是很难解决的。

▶ 常问路的人不会迷路

问路定律：自以为能够找到地方的人，往往会走错方向。而常问路的人，就不会迷路。

▶ 蒲公英的种子

刮风定律：在没有刮风之前，蒲公英的绒毛种子总是认为自己很重。

▶ 穷人家母鸡下蛋少

穷人辛酸定律：穷人家的母鸡连下蛋都少。

※ 推论

1. 有钱的人可能越有钱，穷的人可能越穷。穷人最缺的就是成为有钱人的决心。

2. 别用自以为正确的成功观点来培养孩子，自己完成不了的理想，希望孩子能够替你完成。如果你的观点真的没问题，那你早就成功了。

3. 别因为自己做不到，就认为身边的人也做不到，这并不是天经地义的事情。

4. 你越觉得自己没用，那你就真的会很没用。

5. 一个连幻想都不敢有的人，哪里来的理想，又从哪儿来得到力量实现理想？

▶ 磨坊的牛觉得自己走得很远

拉磨的牛定律：磨坊里的牛总认为自己已经走了很远很远，因为它被蒙住了眼睛。

在老鼠的眼中，猫最凶猛

敌对定律：在老鼠的眼中，没有比猫更凶猛的野兽了。

※ 推论

1.把自己能力看低的人，他能解决的问题也有限。

2.你现在所认为不可逾越的困难，在未来的自己看来，或许没有当时那么充满恐怖和绝望。

3.年轻人别因为自己战胜了一个困难就得意扬扬，人生的历练才刚开始。

盲人给盲人带路

南斯拉夫谚语：盲人给盲人带路，一定会一起掉进沟里。

出名的东西并不像人们说的那么好

名不副实定律：出名的东西不一定像人们所说的那么好，不出名的东西质量或许更不好。

猴子的本质

本质定律：猴子即便当上了国王或者牧师，依然还是猴子。

不努力的小萝卜

萝卜定律：如果你是一个小萝卜，没有你的坑，你就必须努力寻找自己的坑，不然你就会变成萝卜干。

欧洲人与蜘蛛

欧洲人矛盾定律：约有10%的欧洲人患有蜘蛛恐惧症，然而100%的欧洲人都相信蜘蛛是无害的。

※ 推论

1.你明知道问题没有多严重，却又不动手去解决，那么这个问题就永远存在。

2.人的恐惧有时候是没有原因的，所以不要理所当然地做些没意义的推理。

寿衣没有装钱的口袋

花旗集团前高管桑迪·威尔观察：寿衣是没有装钱的口袋的，所以千万不要过度贪图金钱。

▶ 最后一颗螺丝钉总是拧不下来

螺丝钉特殊定律：活儿干到最后的时候，总是拧不下来最后一颗螺丝钉。

※ 推论

最大的困难往往被留在了最后，所以，不到最后一步千万不要放松警惕。

▶ 引发问题的原因是解决问题的方法

问题解决定律：引发问题的主要原因正好是解决这个问题的方法，但是你往往找不到引发问题的真正原因。

※ 推论

知道错在哪儿，才能解决错误，但是人们往往不知道错在哪儿。

▶ 运动的物体冲着错误的方向

杰罗德动力学定律：运动的物体总是冲着错误的方向，静止的物体总是停在错误的位置。

▶ 哪里能招狗

孚希特万格定律：哪里有肥肉骨头，哪里就会招狗。

▶ 大自然不骗人

卢梭大自然欺骗定律：大自然从来都不会欺骗我们，欺骗我们的永远只是我们自己而已。

▶ 鞋子试穿定律

易卜生定律：不穿鞋子，你永远不知道它哪个地方夹脚。

▶ 在河水中倒垃圾

谢德林定律：往河水中倒垃圾，就不要指望河水依然能够保持清澈。

▶ 收割时人们最关心的事情

班扬收割定律：在收割的时候，人们最关心的只有果实。

▶ 裂缝会让船沉没

班扬犯错定律：一条裂缝会让一条船沉没，一个小的罪行则会毁掉犯罪的那个人。

▶ 占着茅坑不拉屎的人

佩皮斯定律：占着茅坑不拉屎的人，会被认为是世界上最可恶的人。

▶ 有时候需要将手头正在做的事情放一放

梅纽因定律：常常有这种现象——将手头正在做的事情放一放，改做别的；然后当你再回来做这件事情时，它常常能够进展得更好。

▶ 越接近目标，困难越多

歌德定律：我们越是接近目标，困难就会变得越多；人们大多会在最后的困难面前低下头。

▶ 随机应变可以帮助人们躲过大风险

伊索忠告：我们遇到事情不要一成不变，随机应变常常可以帮助人们躲过大风险。

▶ 刀鞘满足于自己的迟钝

泰戈尔哲学：刀鞘保护了刀的锋利，却满足于自己的迟钝。

▶ 讽刺学家怎样赢得别人的赞扬

哈兹里特定律：讽刺家只将自己限制在经验的半个领域之中。他们不是用爱，而是用一种近似恐怖的方式赢得了别人的赞扬。

▶ 车间的四项法则

1. 要用的扳手或者钻头总是不在工具箱中。
2. 大部分工作只有用三只手才能够完成。
3. 剩下的螺丝帽总是配不上剩下的螺丝栓。
4. 项目计划得越详细，那么出错的时候就会越混乱。

▶ 东西没有坏就修理不好

修理定律：如果东西没有坏，那么你就修理不好。

▶ 不可靠的机器

沃森定律：参观的人数越多、级别越高，那么机器就会越不可靠；等机器变好了，又没有几个人参观了。

▶ 不要让任何机器知道你有急事

拉尔夫观察：千万不要让任何机器知道你有急事，不然它会让你更加着急。

▶ 两种不能兼容的技术相互竞争

贝塔制式法则：如果两种互相不能兼容的技术在市场上相互竞争，那么一定是具有优势的技术落败。

▶ 根据研究对象的不同定义研究范畴

现代科学简易指南：如果研究的对象是绿色的或者蠕动的，那么就是生物学；如果研究的对象是散发怪味的，那么就是化学；如果研究的对象是行不通的，那就是物理学。

▶ 得到宽恕要比得到许可更加容易

斯图尔特的反作用法则：得到宽恕要比得到许可更加容易，所以犯错后再祈求原谅的人往往会获得成功。

▶ 一件独立存在的事情

缪尔法则：当我们试图去挑选出一件独立存在的事情的时候，我们总会发现这件事与宇宙万物都存在着联系。

▶ 每种行为都有平等和相反的评论

哈里森的假设：每一种行为总会有平等和相反的两种评论，所以想让所有人对一种行为有同样的看法几乎是不可能的。

▶ 每个人都会说谎

利伯曼法则：每个人都会说谎，但是也不要紧，因为这个谎言根本就没有人听。

▶ 历史不重复

历史第一规律：历史本身从来都没有重复，但是历史学家们总是在互相重复。

▶ 成功的秘诀

格利姆的成功公式：成功的秘诀是真诚，一旦你能够伪装成真诚，那么你就成功了。

▶ 无论你到哪里

奥立佛的方位法则：有时候，你想要去的地方，经过打听后，才知道你已经到了。

▶ 任何愚蠢的行为

行为解释法则：绝对不要把任何能够解释为愚蠢的行为解释成恶意的举动。

▶ 钟摆与有规律的摆动

钟摆理论：钟摆总会围绕着中间值在一定的范围内进行有规律的摆动，一旦摆动没有规律了，那么钟摆也就没用了。

▶ 分粥的人最后一个喝粥

分粥规则：负责分粥的人总是最后一个喝粥，所以分粥的人永远没有权利第一个领粥。

▶ 信息不对称

信息不对称理论：信息不对称一定会导致拥有信息的一方为了谋取自身更大的利益而让另一方的利益受损。

▶ 没人在意浓密的头发脱落的那几根

秃头论证：浓密的头发脱落几根，根本就没有人会在意，但是谁也不能断定到底哪根头发的脱落是秃顶的开始。

▶ 每个跨国企业都要过本土化这关

入境随俗论：每一个跨国企业都要过本土化这一关，如果这一关都过不了，那么，就很难有大的发展。

▶ 事情不以人的意志为转移

七年之痒定律：很多事情发展到一定程度会不以人的意志为转移，从而出现问题。

▶ 人们会强化自己的选择

路径依赖：一旦人们做出了某些选择，就会在惯性的影响下不断地强化它，不轻易改变。

▶ 遗传不好的解决方法

不利的遗传背景定理：天生脑力不足的人，好主意很少，但是有一个可以弥补这个缺点的要领，就是组织一个智囊团，请求别人的帮助，当然关键在于你能够控制这个智囊团。

▶ 距离成功差一点的原因

差一点定律：当距离成功"差一点"的时候，有些人会把原因归结为运气不佳，但是大部分时候其实就是因为还欠些火候或者技不如人。

▶ 当你要穿过一段距离之前

两分法悖论：当你要穿过一段距离之前，必须要穿过这段距离的一半，否则你无法到达。

▶ 消极的性格不会成功

性格消极定理：以消极的性格拒人于千里之外的人，往往没有成功的希望。成功的人都是靠着运用积极力量来取得成功的，而这种力量又是靠着别人的协作来完成的，消极性格的人不可能诱发别人进行合作、一起努力。

▶ 成功来源于错误的判断

经验法则：成功主要来源于正确的判断，而正确的判断则来源于经验，而经验往往来源于错误的判断。

▶ 当为成功付出代价时

平衡法则：当你为了成功付出代价的时候，一定要注意保持生活的平衡。因为一个事业成功但是个人生活失败的人绝对不能称为一个成功者。

▶ 当困难被分割就会获得成功

分割法则：一件"不可能完成的任务"会让很多人在成功面前止步不前，这种心态会阻挠很多人。其实，即便是再大的任务也能够被分割，只要分割了，困难就会被击垮。

▶ 破掉的窗户

破窗理论：一个房间的窗户破了，如果没有人去修补，那么不久之后其他的窗户就会被人莫名其妙地打破；一面墙如果出现涂鸦，那么墙上很快就会布满乱七八糟的东西；一个很整洁的地方，人们都不好意思扔垃圾，但是一旦地上出现了垃圾，人们就会毫不犹豫地扔垃圾，并且一点儿都不会感到羞愧。

▶ 所有的自然物质都可以被利用

发明定律：所有的自然物质都可以被利用，所有的由人创造出来的事物以及方法都能够被改进。

▶ 人在渴的时候会觉得水是甜的

本质定律：人在渴的时候会觉得水是甜的，不渴的时候则会觉得水是没有滋味的，实际上水就是没有任何滋味的。

▶ 枝杈太多的树长不高

土耳其智慧：枝杈太多的树长不高，因为枝杈也会成为树的负担。人也一样，不能贪图太多，不然你只会止步不前。

▶ 斧头砍不倒一棵橡树

斧头定律：一把斧头砍不倒一棵橡树，而多把斧头却可以做到。

※ 推论

1. 一个人做不了的事情，很多个人或许能够有希望完成。

2. 当你遇到困难的时候，求助一下身边的人，或许里面就有你的救星。

▶ 你去看日出的时候，一定是阴天

看日出墨菲定律：看日出的景点，你去的那天一定会是阴天。

※ 推论

当你想要做某事的时候，一定会有阻碍你的因素出现。

▶ 你的自行车一定会被大风刮倒

自行车定律：大风刮倒了两辆自行车，其中必然有一辆是你的。

※ 推论

1. 在被刮倒的两辆自行车中，你的一定被压在下面。

2. 如果有一辆被刮倒了，那一辆一定是你的。

▶ 抽检一定会抽中你

抽检定律：八个部门抽检一个，你一定会被抽中；十项工作有九项做得很满意，可是被抽到的一定是做得不完美的那个。

▶ 接待的客人车次总是晚点

接待定律：你接待的客人车次总是会晚点；只有一次是准时到达，但是那次你却因为有事而没有准时到达，让客人等了你半天。

▶ 手机没电之后

手机墨菲定律：手机没电的时候，需要拨打或者接听的电话就会增多。

※ 推论

几个小时都没有电话找你，当你换电池的时候，一开机就发现有三个未接来电。

▶ 鞋匠妻子的鞋

鞋匠定律：鞋匠妻子的脚上常常都是破旧的鞋。

▶ 老鹰和苍蝇

德国智慧法则：老鹰飞不到的地方，苍蝇能找出十条路来。

▶ 鹰毛做成的羽箭

鹰的悲剧：鹰毛做成的羽箭往往会射中鹰。

▶ 狗和烤饼

狗的清洁定律：酷爱清洁的狗还是不得不吃脏的烤饼。

▶ 温和的狗也不好

土耳其智慧箴言：温和的狗并不会给牲口群带来任何好处。

▶ 好消息和坏消息

消息定律：好消息往往会来得很迟，坏消息却总是来得很及时。

▶ 酸苹果不怕摘

酸苹果定律：酸苹果不管种在哪里都不会怕被别人摘掉。

▶ 模糊表述

福勒效应：面对一个模糊的表述，人们常常会将它与自己的情况对号入座，所以世界上大部分误会并不是别人针对你，而是你在针对自己。

▶ 小秘密与大秘密

查斯特菲尔德定律：越是很小的秘密越容易泄露，越是重大的秘密却越是能够保守。

※ 推论

两个人之间的秘密是属于上帝的秘密，而三个人之间的秘密是属于大家的秘密。

▶ 最容易进入潜意识的状态

潜意识定律：人在最放松的时候，是最容易进入潜意识的。

▶ 总有一个是不能完成

全能悖论：上帝能不能创造出一个自己也举不起来的东西呢？如果能的话，那么他无法举起这个东西，也就证明他在力量方面并不是全能的；如果不能的话，也就证明上帝在创造方面不是全能的。

▶ 生活是什么

米莱格言：生活并不是一件该死的事情接着一件该死的事情，而是一件该死的事情不断地重复。

▶ 一帆风顺往往一无所获

迪弗克定律：一帆风顺往往意味着一无所获。

▶ 哲学观点最初和最后的状态

拉塞尔观察：哲学观点在最初的时候看起来十分简单，甚至有些不值一提，但是到了最后却十分荒谬，以至没有人会相信。

第 3 章

→ 两性墨菲学

男人的年龄靠自己来感觉，女人的年龄则是靠别人来感觉。男人的衣柜都是合身的服装，而缺少流行的服装；女人的衣柜只有流行的服装，而缺少合身的服装。在路上遭到劫持的话，男人关心的是自己的钱，而女人关心的则是自己的脸，所以男人通常会被打伤，而女人则会将钱乖乖奉上……男女天生就不相同，男人说女人的心思你别猜，女人说男人的心思深如海。男人和女人互相排斥，却又相互吸引，这种由于性别而引发的一系列问题，生动又有趣。

▶ 男人单身与女人单身

单身定律：男人单身，是因为没有女人爱他；女人单身，是因为没有人值得自己去爱。男人坚持单身是因为没能找到对象，女人坚持单身是因为没有找到好的对象。男人坚持单身，人们会认为他重事业；女人坚持单身，人们则认为她有病。

▶ 男人与女人的年龄靠谁感觉

柯林斯的年龄探讨：男人的年龄靠自己来感觉，女人的年龄则是靠别人来感觉。

▶ 男人追求舒适，女人追求时尚

着装定律：男人的衣柜都是合身的服装，而缺少流行的服装；女人的衣柜只有流行的服装，而缺少合身的服装。

▶ 男人与女人的忌妒点

忌妒定律：男人在学问上相互轻视，女人在美貌上互相忌妒。

▶ 男人与女人的欣慰与自负

萧伯纳两性定律：最让女人感到欣慰的是她们挫伤了男人的自负，而最让男人欣慰的则是他们满足了女人的自负。

▶ 在遭劫时

特恩布尔观察：在路上遭到劫持的话，男人关心的是自己的钱，而女人关心的则是自己的脸。所以男人通常会被打伤，而女人则会将钱乖乖奉上。

▶ 男人擅长的与女人擅长的

拉布吕耶尔秘密定律：男人严守别人的秘密胜过严守自己的秘密；女人则常常容易泄露别人的秘密，严守自己的隐私。

▶ 男人容易被女人的眼泪蒙骗

图尔尼埃格言：当女人美丽的眼眸被泪水遮住时，看不清楚的往往是男人。

▶ 女人与男人的本质

盖伊·博尔顿格言：每个女人的本质都是母亲；而男人，本质上来说，都是单身汉。

▶ 对男人和女人的考验

男女考验定律：生死是对男人的考验，离合是对女人的锤炼。

▶ 男女的魅力靠眼神决定

眼神的魅力：女人的风情万种是靠眼神"抛"出来的，男人的深情款款是靠眼神"定"出来的。

▶ 爱情或者男人让女人成熟

女人成熟定律：爱情是女人能够不断蜕变的土壤，而男人则是推动她们改变的动力。

▶ 女人不需要男人

女权主义者格言：女人不需要男人，就像鱼并不需要自行车。

▶ 男人不需要女人

费里德曼回应女权主义声明：男人不需要女人，就像脖子不需要疼痛。

▶ 男人的要求

波伏娃箴言：男人要求女人将一切都奉献给他，当女人照做的时候，男人又会为此痛苦不堪。

▶ 打算娶老婆的觉悟

汤川秀树领悟：男人如果打算娶老婆则必须有以下觉悟：权利将减半，义务将倍增。

▶ 女性的直觉胜过男性的知识

甘地感悟：女性的直觉往往要胜过那些男性为之骄傲的知识，所以在大多情况下，男人都争辩不过女人。

▶ 女人像自己的影子

毛姆追女孩规律：女人就像是自己的影子，你追她，她就跑；你躲她，她就会追回来。

▶ 女人更理解小孩子，男人更孩子气

尼采格言：女人比男人更容易理解小孩子，但男人比女人更孩子气。

▶ 最了解男人的女人

女人定律：不怎么了解男人的女人，最后都变成了男人的妻子；而对男人了如指掌的女人，最后都成了单身女子。

▶ 女性更快做决定

做决定定律：女性要比男性做决定的速度更快。

▶ 男性工作喜欢冲锋，女性喜欢节奏统一

男女工作方式差异：男性更喜欢冲锋式地工作，中间休息一下；而女性则喜欢以同一节奏工作。

▶ 男性像女性一样爱搬弄是非

搬弄是非概率：男性总以为女性才是是非的搬弄者、谣言的制造机，事

实上，男性搬弄是非的程度和女性是相同的。

▶ 男性比女性更容易爱上对方

男女约会相爱定律：约有25%的男性会在第一次约会的时候爱上对方；但是女孩到了第四次约会，才会有15%的人会爱上对方。

▶ 男性与女性在什么时候交朋友

交朋友定律：男性在年轻的时候会交很多朋友，但是女性过了中年之后才会交很多朋友。

▶ 婚后男性的快乐指数与女性快乐指数

男女快乐指数定律：口中说自己很快乐、很满足的已婚男性是单身男性的两倍，但是已婚女性的不快乐指数却要比单身女性高，不管有没有孩子。

▶ 单身男女的犯罪概率与已婚男女犯罪概率比较

男女犯罪定律：单身男性比已婚男性犯罪概率要高，而单身的女性犯罪概率比已婚女性要低。

▶ 女人隐藏感情，男性表露感情

男女对待感情：女性喜欢将自己最深的感情隐藏起来，而男性则喜欢将自己的感情告诉对方。

▶ 掏钥匙与划火柴

日常行为定律：女性通常到了家门口才会掏出钥匙开门，而男性早就掏出来了。女性划火柴的时候，总是向外划，而男性总是向里划。

▶ 男性比女性更臭美

男女臭美定律：如果经过一面镜子，有三分之一的女性会短暂地望一望自己；而所有经过镜子的男性都会停下来，好好望望自己，大多数还会往后望一望，看看有没有被人注意。

▶ 女人和男人的年纪增长

残酷第一定律：女人的年纪增长会被称为"老"，而男人的年纪增长则会被冠以"成熟"。

▶ 女人的年龄和资历与折旧成负相关

残酷第二定律：女人年龄和资历的增长总会与折旧负相关，而男人则几乎不受任何影响。

▶ 女性会更快摆脱自己的背景

女人更适应生活定律：进入城市的女性能够比男性更快摆脱自己的背景，女人通常只花费一到两年时间就能适应并改变，而男人则需要更长时间。

▶ 成功的男人与成功的女人

拉娜·特纳定律：一个成功的男人的标志就是赚的钱要比妻子花得多，而一个成功女人的标志就是找到这样的男人。

▶ 赚到钱与赚不到钱

男人赚钱定律：男人赚钱之后想要和老婆离婚；而男人赚不到钱，老婆想要和他离婚。

▶ 婚前男人与婚后女人

男女吃饭定律：在结婚之前，男人即便是借钱也要让女人吃好；而结婚之后，女人借钱也要让男人吃好。

▶ 男人有外遇与女人有外遇

外遇表现定律：男人如果有了外遇，工作就会变得越来越忙；女人一旦有了外遇，做的菜就会变得越来越咸。

▶ 女人的"讨厌"与男人的"讨厌"

讨厌定律：女人对你说"讨厌"的时候，说明她很喜欢你；而男人说讨厌的时候，说明他是真的讨厌你。

▶ 传统男人与现代男人

男人蜕变定律：传统的男人在结婚之前很纯洁，结婚之后就开始乱搞；而现代的男人在结婚之前容易乱搞，结婚之后就会变得老实起来。

▶ 传统的女人与现代女人

女人变化定律：传统女人生孩子之前很老实，生完孩子之后就开始胡思乱想；现代女人生孩子之前胡思乱想，生完孩子就变得老实了。

▶ 家里没钱与家里有钱

记账定律：在家里没钱的时候，男人喜欢记账；家里有钱的时候，女人喜欢记账。

▶ 男人与岳母，女人与婆婆

关系定律：男人即便与老婆的关系再不堪，他与岳母的关系也会保持得很好；但女人与老公的关系再好，她与婆婆的关系也是差的。

▶ 男人不赚钱与男人赚钱

女人矛盾定律：当男人没有赚到钱的时候，女人总是很着急；当男人赚到钱之后，女人又开始后悔，怀念起以前没有钱的日子。

▶ 男人的托付与女人的托付

托付关系定律：如果男人将自己的女朋友托付给自己的哥们儿照料，女朋友最后成为了哥们儿的老婆，那么哥们儿关系依旧；如果女人将自己的男朋友托付给自己的姐妹照顾，结果姐妹成为了男朋友的老婆，那么姐妹关系肯定决裂。

▶ 失败的男人与成功的女人

比较定律：失败的男人喜欢与别人比较老婆；成功的女人喜欢和别人比较老公。

▶ 男人违章停车与女人违章停车

违章定律：男人如果违章停车被警察罚款的时候，会与警察吵上一架，女人在一边劝阻；女人违章停车被警察罚款的时候，会与身旁的男人吵上一架，警察在一旁劝阻。

▶ 男人与女人的特长

特长定律：男人善于发现老婆的缺点，而女人则善于发现老公的优点。

▶ 男人买书，女人看

配合定律：男人喜欢买很多书将书架堆满，而女人则负责把这些书都看完。

▶ 男女车里吵架

开车吵架定律：男人与女人如果在车里发生了争吵，如果司机是女人，她会马上踩刹车；如果司机是男人，他会马上踩油门。

▶ 男人有钱之后……

有钱规律：男人一旦有了钱，首先考虑的是换部手机，然后是汽车，最后才会想着换衣服；而女人有钱之后，结果则刚好相反。

▶ 成功的男人与成功的女人背后

成功的背后定律：成功的男人背后都站着一个优秀的女人，而成功的女人背后往往都站着一群优秀的男人。

▶ 男人看女人与女人看男人

男女观念定律：男人看女人，热恋的时候最美，结婚之后最普通，离婚的时候最难看，离婚之后又变回了漂亮女人；女人看男人，热恋的时候最诚恳，结婚之后最无聊，离婚之前最虚伪，离婚之后又变得诚恳了。

▶ 最漂亮的女人与最潇洒的男人

得不到与已拥有定律：对于男人来讲，得不到的女人永远是最漂亮的；对女人来讲，已经拥有的男人则是最英俊潇洒的。

▶ 女人的相貌

相貌清醒与糊涂定律：再聪慧的女人在自己的相貌上也是糊涂的，再愚笨的男人对女人的相貌也是清醒的。

▶ 女人与男人喜欢听的话

听话定律：女人最喜欢听男人说别的女人长相难看，而男人则最喜欢听女人说另一个男人失败。

▶ 女人安慰女人与男人安慰男人

安慰定律：女人在安慰女人时通常都会把自己说得很惨；男人安慰男人的时候，则喜欢将另一个男人说得很惨。

▶ 男人最傻的时候与女人最傻的时候

男女傻瓜定律：男人最傻的时候就是第一次穿上西装上班的时候，女人最傻的时候则是第一次穿着吊带裙上街的时候。

▶ 美女与有钱男人的共同点

话题定律：美女喜欢夸奖别的女人的衣服漂亮，有钱的男人喜欢吹捧别的男人收入高，但是最终的话题都会引到他们自己身上。

▶ 男人的脸与女人的脸

脸面定律：男人的脸是他的人生履历表，而女人的脸则是她的人生损益表。

▶ 女人无路可走与男人无路可走

穷途末路定律：当女人无路可走的时候，她会选择和一个男人结婚；当一个男人无路可走的时候，女人会选择和他离婚。

▶ 女人再嫁与男人再娶

王尔德定律：女人再嫁是因为对自己的前夫讨厌至极，男人再娶则是因为对自己的前妻一直十分钟爱。女人总是在碰运气，而男人则是拿运气来冒险。

▶ 男人与女人对待写字的不同态度

笔迹定律：男人从来不装饰自己的书法，总是随便乱写，只要自己能看懂就行；女人则喜欢用带有色彩与香味的便签，对自己的字条进行装饰，即便是分手，女人也会画上一个笑脸。

▶ 女人采购与男人采购

采购定律：女人会根据需求列出购物清单，然后再去超市采购这些东西；男人则是等到冰箱里只剩下半个柠檬与一罐啤酒的时候才会想起采购。到达超市之后，男人会把所有看着不错的东西买下来，要付钱的时候，才会发现堆成山的物品，不过这不会妨碍他排到快速付款的柜台前。

▶ 男人的浴室与女人的浴室

浴室定律：男人的浴室通常都有六样东西：一个牙刷、一支牙膏、一个刮胡膏、一个剃须刀、一块肥皂以及一条从度假酒店拿回来的毛巾；一个典型女人的

浴室，平均有437样物品，其中的绝大多数男人都认不出来。

▶ 男人与女人结束一段关系之后

关系定律：当女人结束一段关系的时候，通常会哭天抢地，对朋友倾诉心声，然后写一些抒情的句子，继续过自己的生活；当男人结束一段关系的时候，99%的男人会在每周六凌晨三点打电话，请求对方继续关系。

▶ 女人穿鞋与男人穿鞋

穿鞋差别定律：女人在准备上班的时候，会穿着一身套装，脚上踩着一双运动鞋，将高跟鞋放在一个袋子中，当到达公司之后，就会换上高跟鞋，五分钟之后，会踢掉高跟鞋，因为她的脚已经藏在了桌子下面；而男人则整天都穿着一双鞋，当然，我们不知道他们的袜子已经穿了多少天。

▶ 女人喜欢猫，男人嘴上喜欢猫

男女爱猫定律：女人喜欢猫；男人虽然嘴上喜欢猫，但是女人一离开，他们就会把猫踢开。

▶ 女人与男人对待孩子的不同

孩子定律：女人清楚孩子的一切，她知道孩子与牙医的预约，知道孩子喜欢看的足球比赛、恋爱情况、最好的朋友、喜欢的东西，藏在内心的恐惧、希望以及梦想；而男人只是大概知道有一些小矮人与自己生活在同一屋檐下。

▶ 女人与男人穿戴整齐的场合

穿戴整齐定律：女人会为上街、浇花、清理垃圾、接电话、看书、取邮件穿戴整齐；而男人只有在婚礼与葬礼上才会穿戴整齐。

▶ 女人洗衣服与男人洗衣服

洗衣服定律：女人每两天就会洗一次衣服；而男人在洗衣服之前，会把自己所有的衣服都穿一遍，包括已经过时的衣服。在没有衣服可穿的时候，男人会把脏衣服翻过来穿，然后租一辆小推车，将脏衣服送到洗衣店，并期待能够在洗衣店邂逅漂亮的姑娘。

▶ 男人结账与女人结账

外出吃饭定律：当男人结账的时候，每个男人都会掏出一张面额20元的钞票，虽然一共只带了22.5元，没有人会用更小的钞票，也没有人会去承认自己想要服务员找回零钱；当女人结账时，她们会从口袋里掏出计算器。

▶ 女人更年期与男人更年期

更年期定律：当一个女人进入更年期之后，她们会发生一系列复杂的变化，包括情绪、心理以及生理变化，变化程度与性质因人而异；而男人进入更年期则会疯狂消费，买飞行眼镜、时髦的法国帽子、皮手套，甚至会买辆保时捷跑车。

▶ 男人打电话与女人打电话

打电话定律：电话对于男人来说，只是一个沟通工具，男人只会用电话给对方发短信；而女人则喜欢疯狂打电话，在朋友家住了两星期之后，一回到家就会给同一个朋友打电话，一打就是三个小时。

▶ 女人与男人对待理查·基尔

理查·基尔定律：女人喜欢理查·基尔，因为他浑身上下都透露出一种危险的性感；男人讨厌理查·基尔，因为他一直在提醒他们，那些整天在健身房里工作的小白脸只与已婚女人约会。

▶ 小女孩喜欢玩具，男人则一直喜欢玩具

钟爱玩具定律：女孩们在小时候很喜欢玩具，但是到了十一二岁的时候，她们就对玩具失去了兴趣；男人则一直钟爱玩具，当他们长大之后，买的玩具只会更贵、更白痴、更不实用。

▶ 男人照相与女人照相

照相机定律：男人对照相要求很严格，他们会花费4000美元去购买一套专业设备、建一个暗房，还会跑去上摄影课；女人则只会买傻瓜相机，但是最后女人会照得更好。

▶ 女人戴珠宝与男人戴珠宝

戴珠宝定律：女人戴上珠宝会看起来棒极了；男人最多只能戴一个戒指，如

果他们佩戴的数量比这个多，那么他看起来会跟那个叫维克的酒吧歌手一样（叫这种名字的大多比较女性化，或者是变装者）。

▶ 男人与女人的说话规律

　　男女说话规律：男人通常会以一个强有力的反对意见开头，比如对方说："嘿，电影真不错。"男人就会回击说："你是笨蛋吗？没有任何一个人经常会拿那种大小的冲锋枪。"而女人总是试探性地与男人开始对话，会说一些符合实际的话，例如"路边的那个花园看起来很可爱？""嗯。"（停顿。）"昨晚的餐馆真不错，对吧？""对。"（停顿。）诸如此类。

▶ 女人在一起会一直说，男人在一起很沉默

　　与朋友在一起定律：女人在"闺蜜之夜"能够说一整晚，而男人们在一起的夜晚通常只说20个词，大部分是"把薯片递过来"或者"还有啤酒吗"。

▶ 男人注重感官享受，女人注重心灵体验

　　男女倾向定律：男人注重感官上的享受，女人则更注重心灵的体验，因此男人可能会因为一顿饭没吃好而生女人的气，而女人则可能会因为男人没有注意到自己新做的头发而对男人的爱产生怀疑。

▶ 女人去卫生间与男人去卫生间

　　卫生间问题：女人将卫生间作为一个社交场合，即便是素不相识的两个女人在离开卫生间的时候也可以像朋友一样说笑，而且她们去卫生间总是在成群结队，每次至少会有两个女人一起去卫生间；而男人去卫生间纯粹是为了解决生理需要，他们从来不会跟卫生间的其他人讲话，也没有一个男人会在餐桌上说：

"嗨，杰克，我要去厕所，你要不要一起去？"

▶ 男人的 27 岁与女人的 27 岁

27岁定律：对于男人与女人来说，27岁是一个分水岭。男人从27岁之后开始走向成熟，而女人从27岁之后则开始容颜消退，但是女人会在27岁的时候与男友分手。

▶ 时间与环境对男人和女人的影响

时间与环境效应：时间与环境可以让绝大多数男人眼界变得开阔，而几乎永远会让女人的眼光变得越来越狭隘。

▶ 造物者在创造男人时与创造女人时

泰戈尔格言：造物者在创造男人的时候，身份是校长，他的口袋里装满了清规戒律；而在创造女人的时候，他则脱去了校长的外衣，变成了艺术家，手中拿着一支笔与一盒颜料。因此男人比较理性，而女人则容易感性。

▶ 男女之间因为不能结合而疏远，因为结合而对立

男女关系定律：男女之间几乎没有真正的友谊，要么会因为彼此不能结合而疏远，要么会因为结为夫妻而互相对立。

▶ 男女无法分离，以金钱为计算单位

男女无法分离定律：男女之间达到无法分离的状态时，通常是以金钱为计算单位的。

▶ 太过美丽的女人，太有钱的男人

过犹不及定律：太过美丽的女人会让男人失去追求的欲望，而太有钱的男人则会让女人失去安全感。

▶ 男女结婚的出发点都错了

结婚的原因追究：女人认为可以改变男人才会选择和他结婚；男人认为女人不会改变才会选择和她结婚，结果证明两人都错了。

▶ 理想妻子的必要条件

理想的妻子应该具备两个必要的条件：一是能够拿得出去；二是能够带得回来。

▶ 生活和生气

男女互相依赖的原因：男人离开女人没法生活，而女人离开男人则无法生气。

▶ 女人、男人对于说话与思考

男女说话定律：大部分女人在说话之前从来不想一想，而男人想一想之后就不说了。

▶ 直觉与自觉

直觉与自觉定律：女人结婚主要靠的是直觉，而男人想要婚姻稳定就必须懂得自觉。

▶ 男人与女人相处不好的原因

男女相处定理：男人与女人相处不好的原因很简单，因为男人需要的是女人，而女人需要的则是仆人。

▶ 女人想要你快乐或者痛苦

痛苦定律：女人想要你快乐的时候，你不一定会快乐；但是如果女人想要让你痛苦，你绝对会痛苦。

▶ 上帝创造男人与创造女人的原因

上帝创造人的原因：上帝之所以创造男人，是为了让他孤独；上帝创造女人，是为了让男人更加孤独。

▶ 女人对待男人态度的变化

女人对待男人的态度：结婚之前，女人期待男人；结婚之后，女人开始怀疑男人；等到男人死了之后，女人又开始尊敬这个男人。

▶ 男人与女人各用什么吸引人

男人与女人这本书：男人这本书的内容要比封面更吸引人，而女人这本书的封面常常要比内容更加吸引人。

▶ 女人的猜疑往往是对的

男人讨厌女人猜疑的原因：男人讨厌女人猜疑，大多是因为女人猜的往往是对的。

▶ 男人蜜月结束的标志

蜜月结束的标志：男人不再帮助老婆洗碗，而是自己一个人将活全都包了下来。

▶ 男人会让你心凉

某品牌空调广告：男人不是唯一让我感到心凉的东西。

▶ 男人背后的怨妇

怨妇法则：应酬很多的男人背后有一个怨妇，完全没有应酬的男人背后有一个超级怨妇。

▶ 女人不反问自己的问题与经常反问自己的问题

女人的问题：女人很少会反问自己"他是真的爱我吗"，可是她会问自己100遍："他在爱着另一个女人吗？"

▶ 男女失恋之后

男女失恋定律：男人在失恋之后希望从另一个女人身上摆脱痛苦，而女人从另一个男人身上看到旧情人的影子会更加痛苦。

▶ 潜力股有太多不确定的因素

潜力股定律：潜力股有太多不确定的因素，等到他升值了，女人却开始贬值了。

▶ 男人发怒与女人发怒的原因

男女发怒的原因：男性发怒往往是因为自己的权力受到了威胁，比如想要做某件事情被禁止了；而女性发怒则是因为别人的行动都不符合自己的意愿，特别是感到被拒绝、被忽视和忌妒的时候。

▶ 男人与女人的有趣调查

一个有趣的调查结论：男人在晚上六点的时候耳根子最软，女人到了中年之后争执最凶。

▶ 已婚的男人到期之后，必须归还

已婚男人定律：已婚的男人就像是借来的书，抢着看看可以，到期之后必须归还，但是说到底都不是自己的书。

▶ 离婚的男人像是一套丛书

离婚男人定律：离婚的男人就像是一套丛书，看上一本，其余的都想要得到，遗憾的是搭配有时并不能接受。

▶ 多情男人就是一本通俗小说

男人多情定律：多情的男人就是一本通俗小说，如果通俗而不庸俗，那么还可以登大雅之堂，否则只能当地摊货。

▶ 好男人就是一瓶驱风油

好男人不过是一瓶驱风油：

1. 材料正宗。
2. 安全可靠，信用好，回家探亲带回去不会失礼。
3. 能够医治百病。
4. 有些药味，辣一点，才有味道。
5. 没有副作用。

▶ 改变男人的东西

改变男人的东西：第一名是酒，第二名是女人，第三名是权力，最后才能是真理。

▶ 男人将女人当书读时

男人领悟定律：等到男人可以将女人当成一本书来读的时候，他的眼睛已经不行了。

▶ 不对女人撒谎的男人

男人不撒谎冷漠定律：从来不对女人撒谎的男人很少会考虑到女人的感受。

▶ 愤怒中的男人不能惹

刺激男人定律：如果一个男人已经在愤怒之中，千万不要继续刺激他。他就像是具备攻击性的爬虫，即便你说的是对的，怒火中烧的男人也不会承认自己是错的。

▶ 最容易让男人受骗的三样东西

富兰克林观察：男人最容易被三样东西骗——马、假发和老婆。

▶ 将男人赶出家门的东西

乔叟定律：有三件事情能够把男人赶出家门——熏烟、漏雨和坏老婆。

▶ 男人的诺言不能轻易相信

诺言不轻信定律：男人的诺言就像是七八十岁老太太的牙，很少有真的，所以千万不要轻信。

▶ 老婆还是别人的好

男人之间的话题：男人之间最沉重的话题就是讨论自己的女人；男人之间最轻松的话题就是讨论别的女人。

▶ 男人没有上进心的表现

男人的缺点：如果男人没有上进心，他就会把所有的心思都花在你的身上。

▶ 男人就像是奸商出售的电脑

男人的骗局：男人就像是奸商出售的电脑，在将自己卖给你之前，夸得天花乱坠，并承诺一切售后服务，但是一旦你将他买下来，很不幸，你将开始为他服务了。

▶ 男人就像避孕药，没他就没有安全

男人定律：男人就像是避孕药，没有他就没有安全，有了他又有副作用。

▶ 男人总会对不明白的信念献身

埃尔德里奇战争定律：男人总是时刻准备着为信念献身，前提是他们对这个信念并不明白。

▶ 女人喝醉的时候

彼得定律：女人喝醉的时候，想起的大多都是那个曾经伤害自己的男人。

▶ 用懦弱武装自己的女人

迪芳观察：女人最强大的时候，就是用懦弱武装自己的时候。

▶ 重大事件和女人

拜尔历史定律：重大事件的起因最后都可以归结为女人。

▶ 女人的坏与好

欧里庇得斯定律：女人使坏的时候，没有什么能够比她更坏；女人善良的时候，没有什么能够比她更好。

▶ 坏女人与好女人之间的差别

王尔德格言：坏女人让人心烦，而好女人则让人心乱，这就是两者之间的差别。

▶ 财富因为女人而有意义

奥纳西斯箴言：世界上所有的财富，如果没有女人，就会失去存在的意义。

▶ 不隐瞒自己年龄的女人最可怕

王尔德定律：不要相信一个愿意向你透露真实年龄的女人，因为不隐瞒自己年龄的女人什么话都说得出来。

▶ 女人喜欢征服，也喜欢被征服

萨克雷女人征服定律：女人不仅享受征服人的快感，更享受被人征服的快感。

▶ 女人的自然本质

柏拉图定律：女人的自然本质中不如男人的地方有多少，就代表超越男人的地方有多少。

▶ 女人的眼睛最敏锐

都德定律：女人的眼睛永远是最敏锐的，即便是对世界上的坏事都不知晓的最老实的女人，有时依然会突然显现出惊人的睿智。

▶ "我很忙"的不同反应

"我很忙"定律：当你说出"我很忙"这句话时，父母担心的是孩子的身体健康，朋友心想你一定事业有成，妻子会觉得自己身上的担子又重了；而女朋友却流泪了，因为她会认为她在你心目中的地位还没有你的事业重要，甚至会把这当作是一个分手的信号或借口。

▶ 破坏女人的东西

女人材料定律：女人是用弹性材料制成的，只有当外力超过一定限度的时候，它原本的状态才会被破坏，而这个外力不是包裹着炽热的爱，就是刻骨铭心的恨。

▶ 湿头发传递暧昧

女人头发定律：头发是有感情的，湿湿的头发更能够传递出暧昧的信息，所以洗过澡之后更容易冲动犯错，请离那些刚刚洗完澡的人远一点！

▶ 温柔善良对好女人和坏女人的作用

温柔善良定律：温柔善良对于好女人来说是终极目的，对于坏女人来说只是需要的时候应该采取的手段。

▶ 最年轻的女人

世界上有两种女人显得最年轻：一种是什么都不想的女人；另一种则是整天都在幻想的女人。

▶ 女人的假正经和假不正经

女人假正经定律：假正经的女人并不可爱，只有假不正经的女人才可爱。

▶ 男人、房子和狗

男人、房子和狗定律：在女人眼中房子比男人更有用，而狗比男人更加忠诚。因此女人更愿意拥有几套房子，养几条狗；但是事实上房子再大也没有男人的拥抱温暖，而狗再忠诚也说不出自己想要听的话。

第 4 章

→ 爱情与婚姻墨菲学

　　如果你觉得某个女孩很漂亮的话，她的男朋友一定会验证你的观点。如果身边没有家长担任恋爱、婚姻警察，人们都会觉得自己真的可以不用结婚。只有身边的朋友全部都嫁人了，单身女人才会感到结婚的压力……这些现象并不奇怪，它可能正在我们身边发生着，爱情与婚姻是男女相遇后面临的第一个关卡。你能否闯关成功，这不仅需要你的理性判断，还需要加点运气。爱情这锅浓汤是否美味，不仅要看食材，更要看火候，当然也离不开你的妙手烹饪。

▶ 每个人都在寻找一百分的另一半

爱情百分百定律：

1.凡是一心想找个一百分女人的男人，成功率不到10%。

2.凡是一心想找个一百分男人的女人，成功率几乎为零。

3.不管成功率是多少，永远有百分之百的男人和女人都在寻找。

▶ 你爱上的人都有初恋的影子

爱情定律：你爱上的人总以为你是因为他像你的初恋而爱上他。

▶ 爱情就是不停地你追我赶

丘比特定律：爱情的精彩之处就是不停地你追我赶，我举着丘比特的箭不停追，你穿着防弹背心不停跑。

▶ 女人到底是哪种菜

女人与菜定律：男人喜欢将女人比喻成是饭前的开胃菜，而女人希望男人可以将自己当成一道正餐，是生活中不可忽略的存在。

▶ 男人在女人心中的地位

男人的希望：男人总希望自己是女人心目中不能撼动的神祇，但是却总希望女人不过是自己人生中的一道风景，最好这个风景能更加丰富多彩一点。

▶ 男人永远抵御不了诱惑

女人的希望：女人希望男人能够将自己当成是他生命中的一部分，希望自己在男人心目中是一个特别的存在，而女人的希望总是落空。男人总能够瞒过他的女人看更多的风景，那是因为男人永远也抵挡不住诱惑。

▶ 男人放弃不了的与女人掩饰不住的

男女不可控定律：男人无法放弃发现美、欣赏美、占有美的欲望，而女人无法忍受自己的男人在外面跟别的女人眉来眼去。男人解释不了自己偷瞄的行为是单纯地看风景，女人掩饰不住自己心中的醋意和不安。于是，总是一个在不断地解释保证，一个在不停地质疑揣测。

※ 推论

男人慢慢学会用说谎来换得片刻的安宁，女人学会像侦探一样跟踪自己的男人，以抚慰心中的不安、惶恐。

▶ 爱情的"起源"

初坠情网定律：女人漂亮的外貌是让男人迅速掉入情网的"导火线"，而男人的"甜言蜜语"则让女人自愿被拉入爱河。

▶ 高学历人群增多会推动适婚年龄后移

适婚年龄后移定律：随着高学历人群数目的增长，适婚年龄也开始后移。

▶ 大龄未婚男女与坐巴士

巴士定律：大龄未婚男女就像是坐巴士的时候坐过了站，有的时候是因为巴士上的座位太舒服了，不想下车；而有的时候是因为没能认出自己该要下的站台；而终生没有下车的男女，他们是这辆巴士的司机。

▶ 职场人只能吃窝边草

吃窝边草定律：吃窝边草的风险是因为其中一方面临着职业危机，但是除了窝边草，他们没有地方去找吃的。

▶ 坐出租车降低邂逅白马王子的概率

出租车定律：如果单身女性在起床后的第一句话和临睡前的最后一句话都是对出租车司机讲的，那么在街边遇到白马王子的概率必然会降低。

▶ 对毫无结果的恋爱要懂得放弃

明知山有虎定律：很多时候明明知道这将是一场毫无结果的恋爱，但是还要试试看，希望能有一个不一样的结果，其实，结果是一样的。

▶ 一见钟情要把目光放长远

闪婚定律：即便自己看到的常常是幸福的人从此快乐地生活在一起，但是我们也需要把目光放得远一些，因为一见钟情修成正果的概率并不高。

▶ 30 岁对于女性的意义

30岁第一定律：对于女性来说，30岁是一个界限，29岁的女性会觉得再不结婚就晚了，30岁的女人觉得日子还很长呢。

▶ 30 岁以前的男人和 30 岁以后的女人

30岁第二定律：30岁以前的男人不想结婚，而30岁之后的女性并不着急结婚，所以世界各地都能看到老夫配少妻。

▶ 父母督促才恋爱结婚

没有约束定律：如果身边没有家长担任恋爱、婚姻警察，人们都会觉得自己真的可以不用结婚。

▶ 派对上的男女

派对定律：派对男女每天都会见面，但是问好和说再见的速度太快，导致双方都不能好好谈婚论嫁。

▶ 男人的热情与女人最初的抗拒力

爱情发酵定理：男人对女人的热情持续时间，与女人最初抗拒男人的力量成正比。

▶ 机会是均等的，但又不是均等的

钥匙法则：女人会给每个男人都留一扇机会的大门，但是并不会把这扇机会大门的钥匙交到每个男人的手上。

▶ 男人与女人总是赶不上最佳时机

洛丽塔定律：男人总喜欢比自己小的女人，而女人总喜欢比自己大的男人，但是却总是赶不上最佳时机。

▶ 好女人是男人的学校

学校定律：好女人是男人的学校，但是女人却不希望自己的好学生从这里毕业。

▶ 白领女与蓝领男

苏珊&迈克定律：很多相爱的人都认为学历不是问题，收入不是问题，白领女加蓝领男的组合不是问题，人靠不靠谱才是问题。就如同《绝望的主妇》里给儿童书籍画插画的苏珊和水管工兼杀手迈克。但是，我们不要忘记，迈克有足够的自信与气质，只是很遗憾他们是个悲剧。

▶ 父母对男朋友的认定

人品问题定律：如果你的父母并不是嫌贫爱富的人，而是以这个人的人品有问题为由阻止你和这个人恋爱，千万不要固执地为了证明他们的看法是错误的就拼尽全力爱他。到头来，你会发现自己吃到的苦头远比想象中要多得多，而当你稍微有些收成时，岁月已经没有时间让你懊悔了。你所有的做法不过是证明了这个人比父母看到的还要烂很多。

▶ 感情越来越浅的原因

节奏定律：接触的人越来越多，接触时间越来越短，眼睛就会变得越来越花，感情也会变得越来越浅。

▶ 在固定的一个小团体中会传染

传染定律：如果长期在一个固定的小团体中，不仅相亲会传染，不结婚也会传染，所有的一切都会传染。

▶ 沉默的男人很可怕

沉默负效应定律：女孩子最基本是要知道这个男人要说些什么，不然，如果你喜欢上的是沉默而强壮的男人，很容易遇到暴力狂；如果你喜欢上的是不强壮而沉默的男人，很容易患忧郁症。

▶ 远离让你下车占停车位的男人

停车位效应：在城市中如果突然发现空出的停车位，会让你立刻下车占停车位等他开过去停车的男人，不会将你作为宝贝来疼，这样的男人只会拿你当挡箭牌。

▶ 交往前三个月改不了的坏习惯，一生都无法改变

三个月定律：交往的前三个月，如果你要求男生改变的坏习惯，并没有如你所愿，那么这个坏习惯通常一生都不会改变，除非他发生空难而幸存或者归隐佛门了却欲望。比如说，抽烟……

▶ 你现在和他不快乐，以后会更不快乐

快乐定律：如果你现在和他在一起不快乐，那么结婚之后就会变得更加不快乐；两人在一起生活时不快乐，那么孩子出生之后就会有更多人不快乐。

▶ 朋友全部结婚才会让单身女感到压力

"最后一个"定律：只有身边的朋友全部都嫁人了，单身女人才会感到结婚的压力。

▶ 女孩总认为好男人还在前面

最重的谷穗在前面定律：女孩总是相信前面还有更好的，总会觉得自己不会

悲催地与一个普通男人结婚，于是就继续往前走。结果那些被扔掉的谷穗都被人捡走了，而自己还没找到最合适的谷穗。

▶ 后援团越多越耽误事

倾诉指南定律：如果连你都不知道自己想要什么，那么别人又怎么可能知道呢？想要通过倾诉赚取别人的同情可以，但是千万不能将他们的话作为恋爱指南。

▶ 热恋中的男女

糊涂与精明定律：糊涂一世的男人一旦到了热恋期就会变得相当精明；而聪明一生的女人一旦进入热恋期智商几乎为零。

▶ 不同程度的心跳

正心跳定律：如果男人在亲吻一个女人的时候，心跳达到了250，那一定是初恋。如果吻一个女人，心跳达到了120，那一定是热恋。如果吻一个女人，心跳达到了80，那一定是老婆。如果吻一个女人，心跳为0，那肯定是心肌梗死。

▶ 女孩越大越不知道自己要什么

茫然第一定律：女孩子们到了该谈恋爱的年纪，貌似有坚持的主张与生活态度，但是她们内心深处其实不知道自己究竟在忙什么、为什么生活，所有给出的理由都经不起推敲。

※ 推论

年纪越大的单身女人，越不知道自己想要怎样的生活。

▶ 爱情终究会融化

冰激凌定理：爱情就如同一个冰激凌，不管你怎么避免，它早晚会融化。

▶ 女人的喜欢与厌恶

喜欢与讨厌定律：当一个女人喜欢一个男人的时候，她希望能够听到谎言；而当一个女人讨厌这个男人的时候，她希望能够听到真话。

▶ 现代女人对恋情的评价依据

评价恋情定律：现代女人评价自己的每一次恋情，有80%是依据当时自己外形的美丑与服装的价格来确定的。

▶ 爱情与账单

爱情账单定律：爱情总是来得悄无声息，而账单却总是浩浩荡荡地来。

▶ 朋友不喜欢你的另一半

朋友反对定律：如果你的大部分朋友都不喜欢你的另一半，那么这个人一定不会是你找对的那一个。

▶ 分分合合最后还是要分

分分合合定律：分手和好、和好分手，最终的结局还是要分开的。

▶ 三个月是个界限

三个月见分晓定律：三个月是一个界限，一段感情到底只能当成是露水情缘还是应该严肃、认真地发展下去，通常来讲，三个月就可以了解了。

▶ 为你做大事的人，不一定爱你

爱情鉴别定律：能为你做一件惊天动地的"大事"的人，不一定是真的爱你。

※ 推论

真正爱你的人，也许并没有为你做过"大事"，但是他愿意每天为你做很多小事，并能够数十年如一日地坚持下去。

▶ 一事无成的女人与男人

出色定律：如果一个女人一事无成，但是她吸引了一个非常出色的男人，她的自我感觉会直线上升，周围的人也会觉得这个女人很出色；而一个男人一事无成，但是却与一个非常出色的女人谈恋爱，那么他还是会觉得自己很不争气，周围的人也会鄙视他，这就是男女的差别。

▶ 分手后，一方恋爱，另一方就想要抢回对方

分手不甘心定律：两个已经分手的恋人，一旦有一方找到了新人，另一方就会马上产生将对方夺回来的冲动，即使心里清楚自己和对方并不合适。

※ 推论

如果你想要让自己的另一半回头，哭着请求是最不理智的做法。正确的方法是尽快找一个新的对象，而且要比之前的对象优秀。

▶ 恋爱初期，认真就输

恋爱初期定律：在彼此交往的初期阶段，谁是认真的那一方，谁就会输得很惨。

▶ 爱情需要拯救，说明爱情已经无药可救

拯救定理：如果爱情已经到了需要"被拯救"的阶段，那么这段爱情距离结束就只有一步之遥了。

▶ 欺骗第一次就会有第二次

爱情欺骗墨菲定律：在与另一半相处的时候，如果对方欺骗了你一次，那么他/她一定会欺骗你第二次。

▶ 爱情中找理由都是因为不够爱

找理由定律：如果你总在给自己找理由，那是因为你不够爱对方；如果你总是为对方找理由，那么说明对方还不够爱你。

▶ 纠结上一任会变成上一任

前任魔咒：如果你太过纠结于对方的上一任，那么你迟早也会变成上一任。

▶ 乞求真爱的人找不到真爱

爱情乞求忠告：如果将自己放在一个卑微的位置去乞求真爱，那么注定找不到真爱。

▶ 不要展现你的"饥渴"

隐藏寂寞定律：如果你十分着急想要找个对象，质量好的人一定会被你的"饥渴"吓跑。

※ 推论：

不要在自己的任何主页上透露自己的孤寂，这样很容易吓跑对方。

▶ 分手主动说不要联系对方的人最受伤

分手痛苦定律：分手的时候，通常笑着说"请不要再联系我"的那一方，常常是最受伤的那一方。

▶ 爱情的专业与业余

法兰克定律：就爱情来讲，女人是专业的，而男人则是业余的。

▶ 在恋爱中说愿意下地狱的男生

下地狱定律：恋爱中的男人常常会说愿意为了女朋友下地狱，结了婚之后，他便真的下地狱了。

▶ 在爱情中，欺骗比提防走得更远

爱情欺骗定律：在爱情中，欺骗总是会比提防走得更远。

▶ 爱情常常死于消化不良

能共苦却不能同甘定律：爱情从来不死于饥饿，而往往会在消化不良中毁灭。

▶ 爱情提高注意力，降低判断力

爱情法则：爱情可以提高人的注意力，却会降低人们的判断力。

▶ 爱情就像泡菜

爱情泡菜论：爱情就像是韩国泡菜，刚开始的时候觉得味道很重，但是时间一久就变成了习惯。

▶ 你选择的爱情往往是痛苦的

爱情痛苦定律：爱情是这样的，有九个人会带给你快乐，而第十个人带给你的则是痛苦，而你偏偏选择的是后者。

▶ 与对方的优点谈恋爱，却与他的缺点住在一起

彼得·狄维定律：婚姻的难处在于我们与对方的优点谈恋爱，却不得不与他的缺点住在一起。

▶ 浪漫就是晚礼服

浪漫法则：浪漫是一袭晚礼服，穿起来很漂亮，但是所有人都不可能一天到晚穿着它。

▶ 撑起日子与毁了日子

财富与幸福定律：有时候，几根面条可以撑起一个日子；有时候，几堆黄金反而把日子折腾得东倒西歪。

▶ 恋爱中的女孩会将分手作为索要爱的手段

爱情盲点：恋爱中的女孩子经常会犯一个错误，那就是会将分手作为索要爱的手段。

▶ 男女恋爱的不平等定律

1.女人常常终生只爱一种男人，而男人的口味却经常改变。

2.女人为情所困的时候，常常会降低底线，委曲求全；男人则会在事先设好底线，一旦女方不小心触及，男方就会毫不犹豫地离开。

3.女人一旦恋爱了就会忍不住想到终身大事；男人恋爱之后，首先想到的不是谈婚论嫁，而是要从中获得乐趣，婚姻和恋爱对他来说完全是两码事。

▶ 情书寄出之后你一直在后悔

爱情意义：你在下定决心寄出情书之后，在情书到达对方手上之前，你一直在后悔。

▶ 你的求爱方式永远比不上别人

阿瑟爱情定律：别人的求爱方式永远十分新颖刺激，而你的求爱方式却显得十分笨拙愚蠢。

▶ 你吻过的青蛙

墨菲爱情观：在遇到你的真命天子之前，你已经亲吻过了无数只青蛙。

▶ 男追女与女追男

求爱定律：男追女，隔座山——难；女追男，隔层纱——易。虽然如此，但是在现实生活中，男人常常可以追到自己喜欢的女人，而女人却得不到自己喜欢的男人。原因是男人不怕翻山越岭，而女人却担心伤了手指头。

▶ 在约会时总会碰到你不想碰到的人

亲密接触法则：你越是不想让熟人看到你在和某人约会，就越可能会碰到熟人。

▶ 男人早到与女人迟到的原因

约会定律：男人约会为了讨好对方，会有意早到；女人约会为了考验对方，会故意迟到。

▶ 天气永远在和你作对

朱德庸第一次约会定律：如果你穿着薄纱轻便的服装去约会，天气马上会转凉；如果你穿着较厚的衣服，则天气会在午后变热。不管你穿着什么样的服装，天气永远在和你作对。如果天气很稳定，则你们之间会因为鸡毛蒜皮的小事争吵。

▶ 发生争吵，女方永远是对的

朱德庸恋爱息事宁人定律：

1.男方必须承认所有都是自己的错误。

2.必须否认所有女方的疏忽。

3.你要做的就是不停地承认与否认。

4.其实女方根本对你承认和否认的东西不感兴趣，她们在乎的不过是能不能不断指控。

5.除了不停承认与否认之外，还需要忽略事实、模糊结论。

▶ 男人失恋与女人失恋

失恋定律：男人一失恋就会发展自己的事业作为报复，女人一失恋就会将报复作为自己的事业。

▶ 男女双方对对方的适度欣赏与崇拜

欣赏与崇拜定律：男人对女人的欣赏让女人更加妩媚而富有灵性，女人对男人的崇拜让男人更有力量与勇气。不过，如果男人对女人的欣赏过度，会让女人

轻浮；女人对男人的崇拜过于盲目，则会让男人得意忘形。

▶ 接吻让对方看不到缺点

雅思雷克观察：接吻让两个人靠得太近，从而导致无法看清对方的缺点。

▶ 完美女人也在等待完美男人

完美男女定律：当你终于见到心中的完美女人时，对方却还在等待她心目中的完美男人。

▶ 心动女人数与结婚年龄成正比

朱德庸爱情忠告：让你心动的女人数与你的结婚年龄成正比。

▶ 爱情与婚姻的差别

朱德庸的爱情法则：爱情就像是嚼口香糖的前段时间，而婚姻则是嚼口香糖的后段时间。

▶ 结婚念头的萌生

结婚原因调查：在事业失败之后，男人会萌发出想要结婚的念头；在男人事业有成之后，女人会萌发出想要和他结婚的念头。

▶ 女人结不成婚的原因

女人结不成婚原因追究：女人结不成婚不是男人的错，有时候可能是另一个女人的错。

▶ 被妻子深爱的丈夫与被丈夫娇宠的妻子

成熟定律：丈夫如果被妻子深爱着会变得更加成熟，妻子如果被丈夫宠爱着会变得更加幼稚。

▶ 说得越多越没分量

夫妻说话定律：夫妻之间，谁说话越多，谁的话就越没有分量。

▶ 付出多的永远是受伤多的一方

夫妻伤害定律：夫妻双方，哪一方比另一方付出的感情更多，分手时受到的伤害就越大。

▶ 妻子抱怨，丈夫被抱怨

夫妻抱怨定律：在家庭中经常抱怨的一方永远是妻子，而经常被抱怨的永远是丈夫。

▶ 在丈夫眼中和在妻子眼中的家务

家务定律：在丈夫的眼中，家里总是没什么需要干的家务；而在妻子眼中，家里到处都是需要干的家务。

▶ 妻子永远是最着急出门且最后出门的人

出门定律：在出门的时候，最着急出门的人是妻子，最后一个出门的也是妻子。

▶ 妻子与丈夫洗碗

洗碗定律：妻子洗碗通常都非常干净，丈夫洗碗通常都会摔碎。

▶ 有爱情的夫妻的讥笑与没有爱情的夫妻的讥笑

讥笑定律：在有爱情的夫妻那里，互相之间的讥笑最后都会转变为一种幽默；而在没有爱情的夫妻那里，互相之间的讥笑都会演化为一场战争。

▶ 不完美的爱情

墨菲定律的爱情观：

1.当一个男人的妻子试图学着去理解自己的丈夫时，说明她已经不再关心他说什么了。

2.某个男人最吸引某个女人的品质在多年之后也是那个女人最不能容忍的。

3.如果你的心碎了，收拾起那些碎片，因为世界上可能没有人能补好它了。

4.如果今天看起来是完美无瑕的，明天就会终结。

5.爱和感冒的区别，在于感冒是可以治疗的。

▶ 婚姻让安全感匮乏

安全感定律：安全感与婚姻，原本是希望能够通过后者来拥有前者，但是很多人都是因为后者导致了前者的匮乏。

▶ 恋爱与婚姻中的坚持自我

坚持自我定律：在婚姻的问题上，已婚女性会选择放弃一部分自我，如果想要坚持完整的个人立场，只能选择恋爱，婚姻也就失去意义了。

▶ 女人的随便与不随便

结婚矛盾定律：女人一提到结婚的时候就会觉得随便找个人嫁了就算了，但是一到准备实行的时候，就会觉得我怎么可能与这样的人过一辈子，特别是想到某个具体的男人时会马上觉得索然无味。

▶ 获取幸福婚姻的秘密

1.好人原则：找一个好人，自己当一个好人。做到这一条，婚姻就会变得幸福。

2.孩子定律：第一条，孩子永远是孩子，丈夫也是个孩子；第二条，当丈夫让你不满的时候，可以读三遍第一条。

3.家产定律：第一条，除了一张双人床之外，所有的东西都可有可无；第二条，当生活过得越来越紧张时，请一起高声朗读第一条。

▶ 夫妻双方必须达成的共识

爱情捆绑定律：爱情就是将两个人捆绑在一起，婚姻则是将一群人都捆绑在一起。

金钱支配定律：结婚的意义就在于"杀富济贫"，在金钱支配方面不能搞平均主义，更不能斤斤计较。

矛盾劝说定理：一旦夫妻之间发生了矛盾，出面劝说的人越多，矛盾越会升级到无法解决的程度，因此必须学会自我消化。

婚姻保养定理：婚姻就如同一台机器，难免会出现故障，因此日常的调试与

维护是不可缺少的。

家庭与婚姻定理：既然家庭是难言之隐的避难所，婚姻就理应具备藏污纳垢的能力。

▶ 婚姻如同上吊

婚姻上吊定理：婚姻就像是在上吊，不要以为一拉绳索就双脚腾空，一切马上就能结束，事实上，你还要拼命挣扎一段时间，抽搐、窒息，然后才能到达平静的阶段。

▶ 分分合合的原因

结婚与离婚原因：结婚的原因是因为彼此来电，离婚的原因是不小心短路了。

▶ 孤独与婚姻的相互关系

孤独与婚姻：有人是因为害怕孤独而结婚，而有的人是因为害怕结婚而孤独。

▶ 男人的一半是女人

对男人本性的追问：男人的一半是女人，意思就是说，男人的一半是他身边的女人，而另一半则是其他各种各样的女人。

▶ 结婚时间久了，生活就会变枯燥

结婚枯燥无味定理：结婚时间长了最大的坏处，就是有时候在床上躺着，你有些分不清老婆与枕头之间有何差别。

▶ 女人与男人没有背叛彼此的原因

不背叛定理：女人没有被诱惑，那是因为引诱她的东西还不够耀眼；男人没有背叛，是因为他还没有足够的筹码。

▶ 降低离婚率的方法

清除根源定律：让离婚率下降的最好方法就是将结婚率降低。

▶ 有说梦话习惯的男人

说梦话坏事定律：如果男人有说梦话的习惯，最好能够找到一个与老婆同名的情妇。

▶ 能打断老婆说话的人是丈母娘

插老婆话定律：在与老婆聊天时，唯一能够打断老婆说话的人，就是丈母娘。

▶ 女人的年龄与男人的薪水

不幸福定理：女人总是希望能将自己的年龄除以二，男人总是希望自己的薪水能够乘以二；但是大部分的老公总是将自己老婆的年龄乘以二，大部分的老婆总是会将老公的年龄除以二。

▶ 不发生争吵的婚姻不存在

莫鲁瓦观察：没有任何争吵的婚姻，就像是没有危机的国家，几乎是不存在的。

▶ 幸福婚姻需要交流思想与感情

奥斯汀忠告：幸福的婚姻不仅需要交流思想，也需要交流感情，如果将关心闷在自己心里，那么也就是将妻子拒之门外。

▶ 肉体结合的幸福是短暂的

箱崎总一忠告：如果两个人的结合只是出于肉体上的考虑的话，那么他们的幸福只不过是短暂的一瞬。这一瞬间快速闪过之后，空虚与漠然就会来敲门。

▶ 嫁人越匆忙，越容易沦为不幸者

苏霍姆林斯基忠告：你越是匆匆忙忙地嫁人，成为不幸者的风险就会越大。

▶ 男人会把自己最大的秘密告诉红颜知己

红颜知己定律：男人总是将内心深处的最大秘密告诉自己的红颜知己，不是同性、家人或妻子。一旦红颜知己变成了妻子，那么她的这部分权利就会被取消。

▶ 不同版本的女人

女人版本定律：所有女性都有精装本与平装本两个不同的版本，前者是留给职场与社交场上的外人看的，精心装扮、光彩照人；后者是留给家里最爱的人看的，穿着便服、睡衣、倒苦水。而婚姻中的丈夫经常能够看到平装本的妻子和精装本的别的女人。

▶ 对待婚姻不随便

慢慢来定律：年龄越大，家里人和朋友催得越急，越不能随便地对待婚姻，因为婚姻不是打牌，重新洗牌需要付出巨大的代价。

▶ 人类的结婚、离婚与再婚

婚姻问题追究：人类是因为缺乏判断力和忍耐力而离婚，因为缺乏记忆力而再婚……

▶ 婚姻就像是吃饭

婚姻吃饭论：婚姻就像是在吃饭，每个人点的肯定是自己喜欢吃的，但是等到菜上桌之后，却总是忍不住要先看看别人的盘子。

▶ 婚姻就像宴席

科尔顿婚姻定律：婚姻就像宴席，饭前的祈祷往往要比吃饭更有味道。

▶ 初恋的美好会成为未来婚姻幸福的障碍

布里尼恩的研究：初恋越美好，未来的婚姻就越有问题。人们常常会将初恋的激情当成是评定未来感情生活的标准，所以为了幸福婚姻，请远离初恋。

▶ 婚礼开销和婚姻持续度成反比

托马斯婚姻幸福定律：婚礼上的消费越多，婚姻持续的时间就有可能越短。

▶ 你给太太买的礼物不久就会打折

丈夫第一定律：你在太太生日后第一次外出，就会看到你给她买的礼物正在打折。

▶ 女人提出离婚的原因

女人离婚的原因：90%的离婚由女人提出来，因为男人就像一张文凭，费了好大的劲才得到，但是你并不知道他有什么用。

▶ 女人对老公不满意，但是不会对外谈论

女人比男人的聪明之处：几乎所有的女人都会对自己的老公感到不满意，但是大部分女人都不会对外谈论。

▶ 你太太永远觉得隔壁太太的礼物要比自己的好

丈夫第二定律：你送给你太太的礼物，从来没有邻居送给他太太的合适。

第 5 章

→ 口才墨菲学

别和傻瓜吵架，因为别人分不清谁是傻瓜。在争辩的时候，最难被辩倒的就是沉默。当你指责对方的时候，就会发现你自己也应该受到同样的指责。在日常生活中，经常说"我才没有那么傻"的人，久而久之，人们就会将他当成一个傻瓜。不管你说什么，世界上总有五分之一的人对所有的事情都反对……这些都是你在说话时会遇到的一些特殊情况。这些情况的发生看似一场闹剧，但是即便是闹剧也会有编剧，一切按照剧本进行的剧情，你猜到了吗？当然，大部分时间人们在说话方面并没有剧本可言，但是这并不妨碍你按照口才墨菲学给出的定律来开口说话。

▶ 语言常常用来掩盖我们的需求

哥尔斯密定律：语言的真正作用与其说是表达我们的需求，倒不如说是掩盖我们的需求。

▶ 语言的力量

海涅忠告：语言可以将死人从坟墓中叫出来，也可以把活人埋入地下；语言能够将侏儒变成巨人，也可以将巨人彻底打倒。

▶ 和傻瓜吵架

争吵定律：别和傻瓜吵架，因为别人分不清谁是傻瓜。

▶ 你批评的人可能会成为你的上司

批评定律：今天你还在批评的人，也许明天就会成为你的上司。

▶ 弗雷德语言定律：

1.人类是因为内心想要抱怨才发明了语言。

2.对于没有说出口的话，我们是主人；对于已经说出口的话，我们是仆人。

3.让谎言早跑出去一天，你就永远都别想要追到。

4."为了你好"，这是一句极具说服力的辩语，最后它会让人同意并毁灭自己。

▶ 沉默胜过一切争辩

沉默定律：在争辩的时候，最难被辩倒的就是沉默。

▶ 比大脑快的行动产生愚蠢

愚蠢定律：大多数愚蠢都是因为手脚或者嘴巴比大脑更快运动而产生的。

▶ 站在对方的角度最容易说服对方

最佳说服定律：为对方着想、让对方受益是说服一个人的最佳方法。

▶ 认同之后再说服

认同说服效应：在说服之前先认同他，效果会更好。

▶ 发发牢骚更健康

牢骚有益定律：发发牢骚更有益于健康沟通。

▶ 魅力更容易改变对方的态度

魅力说服定律：一个人的魅力往往比信息更能改变对方的态度。

▶ 强迫性语言没有说服力

强言无力定律：强迫性语言很难说服对方，应该使用商量、提醒、暗示、类比等方法。

▶ 指出对方不足要中肯

提示不足定律：能够中肯、委婉地指出对方的不足更容易获得好感。

▶ 两种最让人讨厌的谈话

谈话定律：最让人讨厌的两种谈话方式，一个是从来不停下来想一想；另一种则是从来就不想停下来。

▶ 最大的麻烦就是被一群人误解

误解定律：如果你被某个人误解，麻烦还不大，而被一群人误解，你的麻烦就大了。

▶ 适时闭上自己的嘴巴

英国谚语：一个不知道什么时候闭嘴的人也不知道什么时候开口。

▶ 没话说就不说，有话说不胡说

罗曼·罗兰艺术定律：如果你没有什么可说的话，就不要说；如果你有话说的话，就请你说出来，但不可以胡说。

▶ 指责对方会发现自己也一样要受指责

诽谤定律：当你指责对方的时候，就会发现你自己也应该受到同样的指责。

▶ 喋喋不休的人口才差

最差口才定律：口才最差的人永远在喋喋不休。

▶ 经常说自己不傻的人会被当成傻瓜

休斯傻瓜定律：在日常生活中，经常说"我才没有那么傻"的人，久而久之，人们就会将他当成一个傻瓜。

▶ 管住自己的嘴巴是最大的美德

白德巴定理：在任何时候，管住自己的嘴巴是最大的美德，而且善于控制自己嘴巴的人，在行动上会得到最大的自由。

▶ 准确把握对方的观点，才能驾驭全局

古德定律：在需要开口说话的时候，准确把握对方的观点，才能成功驾驭全局。

▶ 最后一句话决定谈话效果

开口近因效应：在开口说话的时候，人们通常都不会在意前面说了什么，只有最后一句话才能决定谈话效果。

▶ 具体的表扬更能达到目的

波什定律：表扬越是具体，越是能够达到表扬的目的。

▶ 证据充足，让对方无话可说

说话有力定律：证据越充足，越能够说服对方。一条证据不如两条，两条证据不如三条，证据越是充足，越能让对方无话可说。

▶ 在杂乱的房间谈判会失败

埃班斯定律：人们只要待在一个杂乱不堪的房间中，血压就会上升，血压升高就意味着产生了压力，在这样的环境中，人们很难接受对方的言论。

▶ 让对方恐惧的同时告诉对方解决方法

恐惧说服定律：当人们感到恐惧的时候，内心会陷入一种不安的状态，为了减轻或者摆脱这种状态，人们会找人倾诉。因此你在说服时要让对方感到恐惧，并一定要告诉对方解决问题的方法，不然对方不会有所行动。

▶ 威胁要吓破胆

埃德加定律：适当的威胁比适当的建议更能说服人，不过给对方的威胁一定要让对方吓破胆，不痛不痒的威胁根本起不到任何作用。

▶ 重复谎言就会变成真理

填鸭定理：一个思想只要不断重复，就会被大众接受，谎言被不断重复也会变成真理。

▶ 说服不了对方，就让他晕头转向

晕头转向定理：如果说服不了他，不如先用一些难懂的术语让他陷入混乱。因为人们一旦脑袋不清醒了，后面他们要做的决定也就不是很清醒了。

▶ 世界上有五分之一的人反对一切事

肯尼迪的忠告：不管你说什么，世界上总有五分之一的人对所有的事情都反对。

▶ 风趣的话语与恶劣的话语

班扬箴言：风趣的言谈，可以让粗茶淡饭变成美味佳肴；而恶劣的谈话，则会让饕餮盛宴变得难以下咽。

▶ 语言是世界上最危险的武器

卡德龙忠告：语言是世界上最危险的武器——语言刺伤的伤口要比马剑刺的伤口更难以痊愈，因此开口要慎重。

▶ 有幽默感的人何时开始施展本领

拉罗什富科定律：如果身边没有愚蠢的人，那么极具幽默感的人就不得不开始施展自己的本领。

▶ 人们有时会让语言来支配理性

培根定律：人们总是认为自己可以理性地支配语言，可是偏偏有时候会让语言来支配理性。

▶ 语无伦次的人不如野兽

萨迪忠告：人类因为有了语言，才能比野兽强大；但是如果语无伦次，那么你还不如野兽。

▶ 过度夸奖招来反感

培根定律：如果对好事的夸奖过度，不仅不会让对方感动，反而会招来对方的反感、轻蔑和忌妒。

▶ 在交谈时插话要谨慎

莫洛亚忠告：在与人交谈的过程中，要像是在做外科手术一般，在介入的时候一定要小心，因为你可能会在介入时因为太过单纯而死亡。

▶ 重复的话浪费时间

培根箴言：颠来倒去的话是一种对时间的浪费。

▶ 说客套话

雨果观察：说客套话就像是隔着面纱接吻，让人心里充满了幻想，而这种幻想又在瞬间破灭。

▶ 不能被温柔的话语征服的人

契诃夫箴言：不能用温和的话语征服的人，如果改用严肃的话语更加不能征服。

▶ 可取的建议通常很难被采用

苏霍姆林斯基箴言：可取的建议常常会像藏在人们心中的能源一样。但是，这种能源大部分都不能好好地燃烧，甚至有些根本就烧不起来，除非从外面引入一朵火焰或一个火花，比如说从另一个人那里得到它。

▶ 人们习惯用空洞的话劝慰对方

本·琼森定律：人们对自己感觉不到的痛苦，总是习惯性地用空洞的话来劝慰对方，可是一旦他们尝到了那种痛苦的滋味，他们就会马上意识到自己对别人说的那些劝慰的话，对自己根本就起不到效果。

▶ 如果能讨对方喜欢，空话也是好的

莎士比亚箴言：说话的人如果能够讨听话的人喜欢，那么说一些空话又有何妨呢？

▶ 不拆穿一个人的谎言

叔本华忠告：如果你有足够的证据证明一个人正在对你说谎，那么你最好不要拆穿他，只要装出一副相信他所说的每一个字的样子，给他继续说下去的勇

气，他就会放松戒备，更热衷于阐述自己的主张，最后会让自己自相矛盾。

▶ 真话与谎言

巴巴耶娃讲话定律：真话走的是一条笔直而宽广的大路，并且是在众人的瞩目下走的，所以对它能够一击即中；而谎言走的却是一条七扭八拐的弯路，而且是偷偷地爬行，所以对它很难瞄准目标。

▶ 不是撒谎高手，最好说真话

查·卡尔顿格言：如果你本身不是撒谎高手，那么说真话才是上上策。

▶ 经常说假话的人说真话没人相信

伊索定律：一个经常说假话的人早晚会落到这样的下场，那就是即便他说的是真话，也不会有人相信。

▶ 傻子说话与绅士说话

莎士比亚定律：傻子有随意放肆的特权，虽然他满口脏话，但是大家并不会归罪于他；但是如果换成绅士，就一定要注意自己的言行，虽然他总是指责别人的错误，但是不能算是谩骂。

▶ 只能说谎，才会完满

诺言定律：在现实生活中，在某些前提下，就会出现一定的诺言。也就是说，在某些时候，你无法不说话，甚至有些时候，要想完满，就必须说谎。

▶ 当有比你强大的人在场时少说话

黑格尔观察：当比你强大的、陌生的，或者比你更加有经验和见解的人在场的时候，一定要记得少说话。因为如果你说多了，你就一下子做了两件对自己不利的事情：第一，你彰显并揭发了自己的弱点与愚蠢；第二，你失去了一个获得知识与经验的机会。

▶ 简单地把事情说明白

杰斐逊演讲箴言：世界上最可贵的才能，就是能够用一个词说明白的事情从来不用两个词。

▶ 强调自己同意的事情

卡耐基交谈箴言：在与别人交谈的时候，先不要讨论你不同意的事情，最好能够先强调，并且不停强调你所同意的事情。

▶ 一次违背誓言，所有誓言都靠不住

培根忠告：千万不要违背自己的誓言，因为违背一次之后，你所许下的所有誓言都将变得靠不住。

▶ 没有爱人之心的人

歌德定律：一个没有爱人之心的人，必须要学会如何去讨好别人，不然他永远也成不了大事。

▶ 如何解决争辩

卡耐基争论定律：解决争辩的最好方法，就是要避免争辩。

▶ 流言只会传得飞快

流言定律：流言就是写在水上的字，注定不会持久，但是会传播得很快。

▶ 将信息透露给同事

沃尔顿忠告：尽可能与同事进行交流，因为他们知道得越多，理解得就越深，对事情的关心程度也就越深。情报就是力量，将这份力量送给同事之后，得到的好处将远远超过将信息泄露给对手带来的风险。

▶ 最需要被劝告的人最不喜欢听到劝告

查斯特菲尔德箴言：劝告通常都不受欢迎，而最需要被劝告的人往往最不喜欢听到劝告。

▶ 大声训斥不能获得成功

艾柯卡箴言：大声的训斥并不能获得长久的成功，只有心平气和地交流才能开启成功的大门。

▶ 对丑恶说圆滑的话危害大

佩林忠告：面对丑恶的事情，如果只说一些无关痛痒的圆滑的话，那么将会产生极大的危害。

※ 推论

该反对的时候，沉默就是纵容。

▶ 既不要相信自己的话，也不要相信别人的话

托尔斯泰定律：既不要相信自己说的话，也不要相信别人的话，唯一可以相信的是自己的行动与别人的行动。

▶ 交际高手

爱默生观察：交际场上的高手通常都不会直截了当地说出自己想要说的话，而是把意思含蓄地表达出来。

▶ 说出来的话最容易欺骗人类

西塞罗定律：人的眉毛、眼神与面孔常常欺骗我们，但是最能欺骗人类的莫过于说出来的话。

▶ 人类可以分为两种

托尔斯泰格言：人还可以这样分类——先思考再说话或者行动的人、先说话或者行动然后再思考的人。

▶ 说话的巨人是行动上的矮子

英国谚语：说话的巨人总是行动上的矮子，行动上的巨人从来都是默默付出。

▶ 说话是为了让彼此更加了解

劳埃德忠告：说话是为了让人与人之间更加了解彼此，而不是为了互相隐

瞒；是为了促进交流，而不是为了妨碍交流。

▶ 闲谈是了解一个人最好的方式

塞涅卡定律：闲谈是了解一个人最好的方式。

▶ 巴斯卡格言

1.批评不一定好受，但是却一定要有。批评的作用与人体的疼痛相同，让人注意到他在某个方面已经出问题了。

2.喋喋不休就是一种内急难以忍受的排泄行为。

3.闲话的公式：二加二等于五。

▶ 漂亮话的说话方式让人意外

漂亮话定律：一句话之所以被称为漂亮话，是因为所说的内容每个人都想到过，但是说话的方式却总是让人意外。

▶ 愚蠢的人管不住自己的舌头

乔叟定律：愚蠢的人总是管不住自己的舌头。

▶ 称赞所有人，等于没有称赞任何人

塞缪尔·约翰逊箴言：称赞所有的人，就等于没有称赞任何人。

▶ 爱默生讲话格言

1.阿谀奉承就像是香水，只能闻，不能喝下去。

2.聊天的技术不仅在于在恰当的时间说出正确的话，还在于非常想说的时候将不恰当的话咽下去。

3.最让人泄气的事情是在争论的时候遇见行家。

4.两个人交谈，一个人能够洗耳恭听；但是，三个人无法互谈严肃而且应该深究的事情。

▶ 吆喝最响亮的人没有好货可卖

莱尔吆喝定律：那些吆喝得最响亮的人往往没有什么好货可以卖。

▶ 打哈欠能够让人在听厌烦的话时有机会张嘴

打哈欠定律：打哈欠是大自然赐予人的一种方法，能够让人在听到厌烦的讲话时有机会张嘴。

▶ 不要相信任何忠告

忠告定律：最有用的忠告就是不要相信任何忠告。

▶ 在两个仇人之间讲话

萨迪说话定律：在两个仇人之间一定要注意讲话的分寸，因为不知道哪一天他们就和好了，到时候你只能无地自容。

▶ 永远不要说"你错了"

卡耐基讲话忠告：对别人提出的意见要表示尊重，直接说"你错了"就是一个很大的错误。

▶ 说话之前先数数

杰斐逊箴言：生气的时候，开口之前先数到十，如果你非常愤怒，那么请先数到一百。

▶ 痴呆愚蠢的两种表现

巴尔扎克观察：痴呆愚蠢有两种表现——沉默，或是多嘴。

▶ 行为不检点的人爱说别人坏话

莫里哀定律：行为不是很检点的人，总是第一个出来说别人的坏话。

▶ 聪明的人与愚蠢的人

富兰克林讲话定律：聪明的人想过之后才开口，愚蠢的人是开口之后才去想自己刚刚说过什么。

▶ 战战兢兢提要求一定会被拒绝

塞涅卡拒绝定律：谁战战兢兢地提出要求，谁就必然会遭到拒绝。

▶ 争论时对对方客气

塞缪尔·约翰逊定律：对争论对象客气就相当于给了他不应该有的气势。

▶ 最激烈的争论

罗素争论定律：最激烈的争论常常发生在论战双方都无法拿出让人信服的依据的时候。

▶ 争论的时间长短与事情的严重性成反比

诺尔斯定律：当人们因为一件事而进行争吵的时候，争论时间的长短与问题的严重性成反比。

▶ 争吵时没一个人获胜

富兰克林观察：争吵是一种两个人玩的游戏。然而它是一种十分奇怪的游戏，没有任何一方是获胜者。

▶ 对无用之人与高尚的人的说话误区

达·芬奇谈吐法则：对没有用的人说好话和对高尚的人说恶语都是巨大的错误。

▶ 什么时候说话是多余的

伊索箴言：能够用事实轻易证明的事情，说任何话都是多余的。

▶ 漫不经心的恭维能相信一半

恭维定律：漫不经心的恭维可以相信一半，郑重其事的恭维根本就不能相信。

▶ 对你说很忙的人，说明你对他不重要

很忙定律：只要有人对你说他很忙，那么就相当于向你宣布你对他来说并不重要。

▶ 我们一生说的话有三分之二都是废话

废话定律：我们一生中说的话有三分之二都是废话，我们一生中能够解决的问题大部分根本不能称其为问题。

▶ 说真话的好处

真话第二定律：说真话的最大好处之一就是你不用去记住自己都说过什么。

※ 推论

说假话需要时时记住自己曾经说过什么，一不小心就会被别人识破。

▶ 说真话让人信服

真话第一定律：说真话的最大优势就是听上去连声调都特别让人信服。

▶ 坦率与奉承

富勒说话定律：当坦率被赶出家门的时候，奉承就会端坐在客厅之中。

▶ 什么话都说的人

拿破仑定律：什么话都说的人往往是什么事都不干的人。

▶ 知识少的人和知识多的人

卢梭定律：知识少的人，讲话会说得特别多；知识多的人，讲话反而言简意赅。

▶ 染上多话症的人

琼森第一定律：一旦人染上了多话症，就很难管好自己的舌头，即便是不发表什么演说，他也会雇一群人去打听他曾经的辉煌。

▶ 多嘴多舌会暴露没有教养的人的本性

伊索观察：有些没有教养的人，从外表看上去像个人物，但是他自己的多嘴多舌最后还是将他出卖了。

▶ 失败往往是因为讲话太多

琼森第二定律：一个人的失败常常是因为他讲话太多，而不是因为他什么都不讲。

▶ 会议室的语言与茶水间的语言

柯灵定律：会议室与茶水间的语言相比，前者大多都经过了修饰；而后者则多出于真心，更接近人话。

▶ 人们总把无聊的话说得一本正经

蒙田定律：谁都难免说上几句无聊的话，但是让人遗憾的是，人们在说的时候总是将其说得一本正经。

▶ 众口一词的事情

哥尔斯密定律：圆圈画上成千上万次也变不成方块；同样，众口一词的事情绝对不能因为说的人多，就把它当成根据来证明那个就是真理。

▶ 枯燥的演讲引起别人的厌恶

纪伯伦定律：在众人面前进行枯燥而又漫长的演讲，却又不懂得如何讨好听众，就只能引起别人的厌恶。

▶ 每个人的脑袋里都有双关语的种子

爱迪生讲话定律：每个人的脑袋里都有双关语的种子。虽然它们会被理智、理想与良知所抑制，但它们还是容易从大才子口中冒出来。

▶ 机智与妙语为人们增光添彩

查斯特菲尔德定律：机智与妙语能够在交际场上为人们增光添彩，但是俗气的玩笑与浪声大笑却能够让人变成一个丑角。

▶ 鹦鹉会说话

土耳其说话法则：鹦鹉会说话，但是终究变不成人。所以，有时候语言是智慧的载体，它是将你和别人区别开来的利器。

▶ 不要与牛皮客争论问题

土耳其民谚：不要与牛皮客争论问题，因为你马上就会被弄得晕头转向。

▶ 闲话是一块没有炖烂的肉

土耳其民谚：闲话就好比

一块没有炖烂的肉，你扯到哪里，它就会被拉到哪里。

▶ 会吹牛的人能把苍蝇吹成大象

俄罗斯民谚：会吹牛的人能够把苍蝇吹成大象，可是苍蝇永远也变成不了大象。

▶ 聪明人和傻瓜怎么看待语言

语言定律：聪明的人将语言当成筹码，只有傻瓜会将语言当成真钱。

▶ 一鸣惊人的话一定存在毛病

一鸣惊人定律：不要尝试去说一些一鸣惊人的话，因为这样的话必定存在毛病。

▶ 说话停4秒就会很尴尬

克登博格研究：如果两个人在交谈的过程中一直保持流畅，那么双方就都会感到被尊重，从而更容易达成共识。如果对话中断了4秒钟或以上，气氛就会变得十分尴尬，让人产生担忧、焦虑、合不来和被排斥的感觉，想要再次回到密切交流的状态存在很大困难。

▶ 不同人说话给人不同的感觉

塞涅卡说话状态定律：生气的人说话是怒气冲冲的；激动的人说话是急急忙忙的；娇滴滴的人说话则是有气无力的。

▶ 最不聪明的人就是话多的人

纪伯伦忠告：话多的人最不聪明，由此看来，一个演说家与一个拍卖人几乎没有任何区别。

▶ 雄辩必须真实

帕斯卡定律：雄辩必须能够让人高兴而又真实，然而让人高兴本身又必须出自真实。

▶ 学会说真话与不全讲真话

史沫特莱定律：学会说真话应该是人类最艰苦的奋斗之一。凡事不全说真话，则差不多是人的天性。

▶ 诺言在证明什么

莎士比亚诺言法则：诺言是最有礼貌、最符合时尚的事情，实行起来却像是在遵循遗嘱一般，时刻在证明本人的理智已经患上了极大的病症。

▶ 许下的愿越好听越不能兑现

斯珀吉翁定律：许下的愿越好听就越不能兑现，就像是馅饼皮做得越脆就越容易破一般。

▶ 发誓多的人谎话也多

柯勒律治定律：发誓多的人说的谎话也多，这一点根本就不用怀疑。

▶ 说话可靠的人说错话和爱说假话的人说真话

萨迪真话定律：如果一个人说话可靠，说错了一次别人会选择原谅他；如果他一直喜欢捏造，那么即便说的是真话，别人也会把它当作谎话来听。

▶ 无从反驳的预言

波普尔预言定律：将预言讲得含糊不清，可以让预言家立于不败之地，这是典型的占卜者的伎俩，目的就是让预言变得无从反驳。

▶ 只靠大声叫嚷，不能证明什么事情

马克·吐温箴言：只靠大声叫嚷，并不能够证明什么事情。一只母鸡下了一个蛋，却每天都咯咯地叫个不停，好像它下了一个小行星一样。

▶ 好的言辞与好的行为

德谟克利特定律：一段美好的言辞并不能够将一个坏的行为一笔勾销，而一个好的行为也不会被诽谤所玷污。

▶ 要运用好停顿这个最强大的武器

马克·吐温忠告：一个人在讲台上朗诵的时候，很快就会意识到，在技巧中有一种最强大的武器，这个武器的效果是难以估量的，那就是停顿——这个让人

难忘的沉默，这个比任何雄辩都管用的沉默，这个带有几何级数性质的沉默，常常能够收到超出预期的效果，比任何言辞起到的作用都大。

▶ 反驳一个人的演讲并不难

普鲁塔克演讲定律：反驳一个人的演讲并不是一件难事，而且听起来十分简单，但是想要发表一篇更好的演讲则十分不易。

▶装腔作势和啰啰唆唆

贺拉斯演讲艺术：想要打动听众的心，就不要使用装腔作势的语句与啰啰唆唆的词汇。

▶ 可以经常做一些演讲

查斯特菲尔德演讲忠告：经常做一些演讲未尝不可，但是千万不要一开口就停不下来，你要明白，自己即便不能赢得听众的认可，也不要让他们对你产生厌烦。

▶ 口才极好的人有骗人又骗己的本事

麦考莱定律：口才极好的人几乎全部都有一种既能骗己又能够骗听众的诡辩术与夸张的本事。

▶ 会斗嘴和会说话

奥尔科特定律：会斗嘴的人有很多，但是会说话的人却很少。

▶ 不要跟交情不深的人谈论你的个人往事

邹韬奋忠言：交情不是很深的人，往往并不喜欢听你的个人往事，千万不要对他不断地诉说自己的往事，这是一件让人讨厌且不识趣的事情。

▶ 多嘴的人发表长篇大论

伯尔定律：多嘴的人长篇大论，除非其中有能够吐露真情的部分，否则全部的演讲都会变得一文不值。

▶ 在公共场合保持缄默

歌德讲话定律：要避免有时说错话，人们要学会在公共场合保持缄默，因为不仅是有分量的谈话，就连最琐碎的言辞，都会与在场者发生不幸的利益冲突。

▶ 谈论事情时要抛开自我吹嘘

吉斯特菲尔伯爵定律：讨论所有的事情时一定要抛开自我吹嘘，绝对不要啰啰唆唆对别人谈只有你自己关心的事情或者你的私事。虽然你对这些事情兴趣盎然，但是别人却觉得很烦。

▶ 会说话的人说让别人记住的话

曼斯菲尔德定律：一个会讲话的人，不是去记住别人都说过哪些话，而是能说一些让别人记住的话。

▶ 讲话凶的人不一定有理

萨迪定律：讲话气势汹汹的那个人，并不一定有理。

▶ 沉默是对诽谤最好的回答

乔治·华盛顿定律：面对诽谤，人们该干什么还是干什么，因为沉默就是最好的回答。

第 6 章

→ 形象管理墨菲学

　　所有人都会有意无意地进行形象管理。对于一个外表漂亮或英俊的人来说，人们更容易误以为她或他在其他方面也会表现不错。漂亮是一层面纱，它常常被人们用来遮掩很多缺点，如果你连这层面纱都没有，那么你的缺点会暴露无遗……人类社会是无比残酷的，长得漂亮的人就是比长得丑的人更受人欢迎。上帝给长得漂亮的人多了一些资本，当然如何去经营则全靠自己。今天，你进行形象管理了吗？

▶ 每个人都在进行形象管理

面子管理定律：每个人都会有意无意地进行形象管理。

▶ 漂亮的人更容易让人相信他的能力

"美即好"效应：对于一个外表漂亮或英俊的人来说，人们更容易误以为她或他在其他方面也会表现不错。

▶ 只注重外貌的人没有内在魅力

杨尊田外貌理论：只在装束与发型上花尽心思的人，在学习上必定没有精力；只在外表上注意修饰的人，没有内在的魅力。

▶ 穿上人的衣服的鹅依然是鹅

梭罗定理：即便是给鹅穿上人的衣服，也无法改变它的属性。

▶ 外貌是内心的流露

本杰明·迪斯雷利定律：一个人的外貌是内心的表露，如果这个人呆若木鸡，那么他的神态也一定是愚笨的。

▶ 举止要适当

培根忠告：人们的举止应该和他们的衣服一样，不能太紧或者太过讲究，应当适当宽松一些，这样才能便于工作与运动。

▶ 对整容有没有兴趣的人

整容定律：一心想要整容的人长相一般都还好，对整容丝毫提不起兴趣的人通常都很漂亮。

▶ 美貌如果肤浅

美貌定律：如果人们认为美貌是肤浅的话，那么时髦连汗毛都没沾上，根本不值得一提。

▶ 漂亮是女人无往不利的武器

漂亮万能定律：漂亮的女人总是很吃香，明明漂亮不过是女人的糖衣炮弹，男人们极力讨好也不见得会抱得美人归，但是依然会死心塌地地讨好她，而缺少这些视觉效果的女孩子虽然有些是良药，但是因为苦口，所以让男孩子们望而却步。

▶ 寻找健康的身躯

卢梭健康形象定律：华丽的装饰可以表现出一个人的富有，优雅的举止可以显现出一个人的趣味；但是一个人的健康与苗壮则需要另外的标志来识别。只有在一个劳动者的粗布衣服下面，而不是在一个嬖幸者的穿戴之下，我们才可以看到强健有力的身躯。

▶ 美的就是合理的

德国外貌民谚：不能说合理的都是美的，但是只要是美的就一定是合理的。

▶ 口袋决定身份

口袋定律：穿两个口袋衣服的人通常都是学校的学生；穿三个口袋衣服的人通常都是西装革履的白领；而浑身上下到处都是口袋的人，如果不是为了追求时髦，就一定是讨饭的乞丐。

▶ 朴素简单的往往是最美的

莫洛亚定律：最朴素的常常也是最华丽的，最简单的常常也是最流行的，素妆淡抹往往比浓妆艳服更让人惊艳。

▶ 人们容易被表面的装饰欺骗

莎士比亚格言：外观常常会与事情的本身相差甚远，但是世人却容易被事情表面的装饰所欺骗。

▶ 普通人容易将外表当成实际

雨果忠告：人的肉体有时只不过是一个外表，这个外表将内心的真相隐藏了起来，将光明的一面与阴暗的一面弄得模糊不清。只有人的心灵才是最真实的。严格来说，相貌不过是一种面具，真正的人住在人的内部。如果能够窥见被人们称为肉体的幕后隐藏的那个人，我们通常会大吃一惊。而普通人犯的错误，就是将外表当成了实际。

▶ 美貌的人与强而有力的人怀疑的事

莫罗阿定律：美貌的人总在怀疑自己的智慧，而强而有力的人则喜欢怀疑自己的魅力。

▶ 尊重别人的自由并展现自己的自由

席勒定律：美的风度的第一条法则是尊重别人的自由，第二条法则是展现自己的自由。

▶ 陌生感产生美

培根观察：如果不保持一定程度的陌生感，那么就不会产生惊天动地的美。

▶ 漂亮常常被人们用来遮掩缺点

托尔斯泰箴言：漂亮是一层面纱，它常常被人们用来遮掩很多缺点，如果你连这层面纱都没有，那么你的缺点就会暴露无遗。

▶ 女孩都希望别人关心自己的美貌

奥维德定律：再纯洁的少女也喜欢别人赞美她的脸蛋，再忠贞的姑娘也不会对自己的美貌漠不关心，并喜欢对自己的美貌沾沾自喜。

▶ 痘痘总在最重要的约会时出现

痘痘定律：你要赶赴的最重要的一场约会的那天晚上，鼻子中间就会长出一颗小痘痘。

▶ 没有情趣的女人穿什么都与性感无关

性感定律：一个没有丝毫情趣的女人，即便她穿上了无领无袖的低胸装，也与性感扯不上关系。

※ 推论

一个很有情趣的女人，就算把自己包裹得严严实实的，看上去依然十分性感。

▶ 俗人总是重视根据外表的判断

卢梭箴言：根据外貌判断最容易上当，而俗人却总是重视这种根据外表的判断。

▶ 倚仗美貌的人常常因为美貌而毁

池田大作谈外貌：通常来讲，容貌漂亮的人更容易受到人们的忌妒，很多漂亮的人会因此而陷入不幸的境遇，也可以说倚仗着美貌的人常常因为美貌而毁。

▶ 买完礼服之后，才发现没有内衣与之搭配

刘易斯礼服定律：当你倾尽家财去购买了一件礼服之后，才发现自己没有一套像样的内衣。

▶ 服装与举止不足以成就一个人

比彻定律：服装与举止并不能够成就一个人，但是当他有所作为的时候，服装与举止将会极大地改变他的外貌。

▶ 所有人受称赞的原因

王尔德谈穿着：所有的人，包括证券经理，都会因为穿上一件晚礼服、戴上领带所表现出来的温文尔雅而备受称赞。

▶ 美貌与魅力是两种最要命的东西

马克·吐温箴言：美貌与魅力本是两种最要命的东西，幸好并不是所有的美女都有魅力，常常相貌一般的女人反而有一种妩媚动人的气质。

▶ 夸美纽斯格言

1.美貌就像是一瓶烈酒，因为它能够让持有的人和欣赏的人都沉醉其中。

2.皱纹的增加是因为笑容减少了。

3.如果你不能改变自己的容貌，那么一定要注重改变自己的表情。

4.美貌而无知的人就像是只有羽毛之美的鹦鹉，或者是一把藏着钝刀的金鞘。

▶ 马克·吐温形象格言

1.上帝给我们一张脸，更多时候，我们常常自己再设计若干张。

2.人是微笑与眼泪之间的钟摆。

3.眼泪不会减轻残酷，反而会主张残酷。

4.我们常常照着镜子练习微笑，却总是忍不住哈哈大笑。

5.如果你在独自一个人的时候笑了，那么一定是真的笑了。

6.我们常常可以从别人的脸上读到自己的表情。

7.人类是唯一会脸红的动物，也是最应该脸红的动物。

▶ 每个男人都愿意跳入陷阱中

王尔德美貌定律：如果美丽的姑娘是陷阱，那么每个聪明的男人都愿意跳入这个陷阱。

▶ 被漂亮衣服及家具吓到

狄更斯定律：被漂亮的衣服以及华美的家具吓到，是我们每个人身上都非常常见的毛病。

▶ 镜子与真容

镜子定律：镜子如果歪了，一定照不出真容来。

▶ 靠外貌来判断一个人

樱井秀勋定律："人靠衣裳马靠鞍"这句话虽然并不值得提倡，但是必须要靠外貌来判断一个人的时候，首先要看脸和服装。

▶ 棍子一经装扮也会面目全非

塞万提斯观察：棍子一经装扮也会变得面目全非。

▶ 时尚最怕被新的时尚代替

哈兹里特谈时尚：时尚是摆脱粗俗之后的优雅，但是到了最后它一定会被新的时尚所代替。

▶ 华丽的衣服让心肠歹毒的人更加丑恶

富兰克林定律：华丽的衣服穿在心肠歹毒、人品低劣的人身上，会让这种人显得更加丑恶。

▶ 时尚的本质

弗桑箴言：时尚的风靡，是穷人的智慧在向富人的虚荣心收税。

▶ 最新款的时装最漂亮

时装第一定律：最新款的时装总是最漂亮的。

※ 推论

时装一旦过时，就会无人问津。

▶ 穿着不入流

查斯特菲尔德定律：如果你穿着不入流，那么你一定是一个无关紧要的小人物。

▶ 女子时装与男子时装

时装定律：女子时装业总想让女性的体形去迎合不切实际的理想典型所设计的服装，而男子时装业则是按照男子的自然体形来设计的。

▶ 人们总在无聊地装扮自己

厄斯金定律：如果世界是个舞台，人们要花多少时间在化妆室无聊地装扮自己。

▶ 时尚的女人穿衣服，而不是衣服穿她

玛莉官时尚法则：时尚的女人穿衣服，而不是衣服穿她。

▶ 时装在艰难时期不被人接受

范思哲时尚定律：在艰难的时期，时装的存在是不被人们所接受的。时装代表的是愉快与幸福，它是好玩的，是非常重要的，但遗憾的是它不是药方。

▶ 要让身体去适应衣服

斯奇培尔莉忠告：永远不能让衣服去适应你的身体，而是需要训练你的身体去适应衣服。

▶ 不能找到自己风格的女人

圣罗兰评价女性着装：一个不能找到自己风格的女人，感受不到衣服给她带来的轻松自在，因此不能与它们融为一体，这种女人是病态的。

▶ 时尚是一种丑陋的形式

王尔德时尚定律：什么是时尚？从艺术的观点来讲，它常常是一种丑陋的形式，每半年更换一次，让人无法忍受。

▶ 总在追求时尚的结果

德国谚语：如果你一辈子都在追求时尚，那么一切时尚的东西都会过时。

▶ 时尚只会引起流行病

萧伯纳箴言：时尚这种东西只会引起流行病。

▶ 乌鸦用孔雀的羽毛装饰自己

斯大林形象定律：乌鸦不管怎么用孔雀的羽毛来装饰自己，它依然是乌鸦。

▶ 香奈儿时尚定律

1.没有女人希望自己在男人心目中的重量只是一片羽毛。

2.感觉自己被奢侈品包裹的女人，一定会散发出光芒。

3.时髦并不仅仅停留在衣服上，它是在空气中的，它是思想方式，也是我们的生活方式，是我们周围正在发生的事。

4.服装的真正目的并不在于装饰外表，而是要表现你的本质。

5.小小一片黑色足可以包容整个世界。

6.女人永远不能忽视粉色的力量。

7.不用香水的女人不会有未来。

8.优雅不是那些刚刚从青年时代挣脱过来的人，而是已经掌握了自己未来的人所具备的特权。

9.时尚很容易流逝，但是风格却会永远保存。

10.时装跟建筑学极为相似，它们都与比例有着密不可分的关系。

11.奢侈是舒适的，不然就不能称之为奢侈。

12.奢侈不是贫穷的对立面，它其实是粗俗的对立面。

▶ 乔治·阿玛尼时尚定律

1.牛仔裤是流行的民主的象征。

2.风格与流行之间的唯一不同点在于质量。

▶ 不喜欢流行时装是徒劳无益的

时装第二定律：你喜不喜欢流行时装都是没有关系的。即便你不喜欢流行时装，它依然照样流行。

▶ 衣服是名片

托斯海丁理论：衣服是一个人的名片，如何运用这张名片全靠自己的把握。

▶ 穿着适当更美

达·芬奇外貌定理：一个英俊的青年如果穿戴过分，反而会让他的美打折；一个穿着朴素无华的山村妇女要比盛装出席宴会的妇女美得多。

▶ 服装常常能表现一个人的人格

莎士比亚谈服装：尽自己的财力去购买贵重的衣服，但是不要标新立异，一定要华丽而不浮艳，因为服装常常能够表现一个人的人格。

▶ 穿衣服体面，狗就不会咬你

爱默生谈衣服：人们喜欢穿好衣服主要有一个原因：只有你穿得体面，狗才不会咬你，还会对你敬重三分。

▶ 衣着与风度能让有成就的人加分

比彻忠告：衣着与风度并不足以成就一个人，但是对一个已经取得成就的人来说，它们却可以为他的仪表大大加分。

▶ 穿着光鲜的人的行为会被认为是正当的

德莱塞观察：衣服是一个重要的试金石，如果一个人穿着漂亮的衣服、戴着戒指、别着胸针，那么不管他做出怎样的行为，都会被认为是正当的。

▶ 北风能够找到没穿厚大衣的人

北风万能定律：北风总是能够找到那些没有穿皮大衣的人。

※ 推论

当你穿得厚厚的时候，天气总是异常温暖。

▶ 总穿节日衣服的人会在节日没衣服穿

穿衣服定律：谁在平日里总是穿节日的衣服，谁就会在节日里没有衣服穿。

▶ 女士穿上与其他人一样的服装

纳什定律：一位女士想要穿上与其他人一样的服装，但是如果她真的看到其他人穿了与自己一样的服装，就会变得不安起来。

▶ 男性在出席正式场合露出过多肌肤

男士裸露失礼定律：与女性相反，男士在出席重要的正式场合时，除了头与双手之外，应该尽量少露出肌肤，不能让别人清楚地看到自己，不然会让人产生粗俗之感，所以好身材还是留在泳池、沙滩或者健身房中展示吧！

▶ 不讲究衣着的男人会显得更加愚蠢

查斯特菲尔德定律：讲究穿着是一件十分愚蠢的事情，但是对于一个男人来讲，不讲究衣着会显得更加愚蠢。

▶ 过分注重穿着打扮的人

赫兹里特服装定律：但凡是将穿着打扮放在生活首位的人，他们的价值比不上衣服本身。

▶ 把猴群吓跑的猴子

猴模人样法则：猴子如果穿上了人的衣服之后再回到猴群，其他的猴子就会被吓跑。

▶ 无论何时都要穿着整齐

海顿斯坦姆穿着定律：无论在什么情况下，一个人都应该一直保持着微笑并穿着整齐，因为你不知道下一秒会遇到谁。

▶ 漂亮的衣服能够敲开所有大门

托·富勒定理：美丽的衣服可以为你敲开所有的大门。

▶ 主办方永远与你的穿着对着干

穿鞋墨菲定律：你穿了一双皮鞋去参加活动，主办方就会安排登山；你穿了一双旅游鞋去参加活动，主办方就会安排座谈会。

▶ 衣服与人

罗曼·罗兰忠告：不管你穿着怎样的衣服，人还是原来那个人。

▶ 穿廉价衣服会让你变得廉价

凡勃仑穿衣廉价论：如果你穿着一件十分廉价的衣服，你的人也会随之变得廉价起来。

▶ 红色是悲伤的终极良药

比尔·布拉斯设计定律：治疗悲伤的最好良药就是红色，如果你正被悲伤包围，穿红色吧！

▶ 穿上男友衣服的女性

卡尔文·克莱恩对性感的定义：穿上男友的T恤和内衣的女性，会散发出一种让人难以置信的性感。

▶ 男装在遮，女装在露

梁实秋男女服饰定理：男女服装之最大的不同处，便是男装遮盖身体无微不至，女装则求遮盖愈少愈好。

▶ 服饰是女人容貌的重要部分

哈代定律：服饰是一个女人容貌的重要部分，衣装不整齐就相当于容貌不端正或是有伤痕。

▶ 陈旧的款式会重新获得人们的喜爱

博蒙特与弗莱彻定律：陈旧的款式通常不会有新颖之处，不会有人对它进行模仿，但是二十年前流行过的款式会重新获得人们的喜爱。

▶ 奇装异服不是时髦

伯顿定律：奇装异服并不等于穿戴时髦，穿戴时髦的人往往看不出有什么特殊。

▶ 衣服、帽子是否流行对人的意义

莎士比亚忠告：一件衣服、一顶帽子的样式是不是流行，对于一个人来说本来就没什么相干的。

▶ 高跟鞋的发明

穆勒定律：高跟鞋是由一个喜欢亲吻前额的女士发明出来的。

▶ 穿上高跟鞋，人会改变

马诺洛定律：穿上高跟鞋，每个人都会改变。

▶ 鞋子完全合脚时的无奈

淘汰定律：当你脚上穿的鞋子完全合脚的时候，样式已经过时了。

▶ 什么是创造

普拉斯定律：所谓创造就是将已经存在的东西加以变化，也许你并不知道，鞋子分左右脚，只有几百年的历史而已。

▶ 紧身衣服与裸露是同义词

紧身衣定律：男式时装史上最可悲的一项发明就是紧身衣，虽然紧身衣发展到现在感觉更加舒展，更具有修身效果，但是它的最佳用途依然是用作内衣，搭配时装，达到保暖和删繁就简的功效。

▶ 纯白色的西装

纯白色魔咒：身材好的人穿什么都好看，即便是纯白色的西装依然能够穿出王子的感觉，当然如果你的体态没有达到那种程度，想要驾驭这种抢眼的自信，就必须到非洲或者撒哈拉沙漠里去了。当然，在婚礼上，全身白色的打扮还是显得十分得体帅气的。

▶ 领带过短与领带过长

领带的长短定律：领带过短会压不住衬衫，看上去像是脖子上套了一根绞索，又好像是大人系上了孩子的领巾；领带如果过长则会让领带左右晃荡，显得很不稳重。

▶ 男士们总是会把口袋装得满满的

口袋定律：虽然知道上衣口袋以及西服的口袋中都应该尽量少放物品，才会显得干净利落、风度翩翩。但是男士们每次出门都会往胸前口袋里放烟，甚至笔和笔记本，让口袋物尽其用。

▶ 女人的头饰变化最多

爱迪生定律：在这个大千世界中，变化最多的应该是女人的头饰了。

▶ 饰品过多会给形象打负分

饰品搭配定律：高档的整体衣饰可以搭配少许的饰品，过多的饰品就像是调料过多给人的感觉一样——难以下咽。如果穿着朴实，那么最好不要佩戴饰品，就连皮包都应该选择与衣饰相符合的品种。

▶ 不戴装饰反而成为一种装饰

摩路瓦定义女人：在全部女人都屈服于不同形式的社会时，最大的独创就是拒绝一律性，因此单纯的女人并不单纯……当所有女人都浓妆艳抹的时候，不戴装饰反而成为了一种装饰。

▶ 讲究的女人装饰自己

波娃箴言：对外貌讲究的女人，虽然能够在化妆中寻求到感官和美的满足，但必须打扮得适合自己的外貌；衣服的颜色衬托出她的肤色美，款式一定要能显耀出或修正她的身段。女人珍惜的是被装饰的自己，而不是装饰自己所用的外物。

▶ 你照得最漂亮的照片永远不像你

照片墨菲定律：如果你觉得哪张照片照得挺漂亮，那么所有的朋友都会对你说"不像你"。

※ 推论

1.朋友说最像你的照片，一定是你认为最丑的那张。

2.如果朋友觉得照片像你，而你也觉得挺漂亮，那么这张照片到最后一定会找不到。

▶ 化妆的时间与你要掩饰的缺点成正比

化妆定律：在化妆上花费的时间多少，就代表你认为自己要掩饰的缺点有多少。

※ 推论

如果你不化妆，那么暴露出来的缺点就会更多。

▶ 化妆品对于女人和男人的不同意义

化妆品定律：化妆品对于女人来说是信心，对于男人来说是幻觉。

▶ 全世界的女人都化妆和都不化妆的区别

女人化妆定律：全世界的女人如果都化妆，一天的花费足可以让一家银行倒闭；但是如果她们同时都不化妆，则会让很多银行倒闭。

▶ 不能用胡子衡量一切

丹麦格言：如果胡子可以说明一切的话，那么山羊都可以当先生了。

▶ 胡子与脑子

马尔切利努斯理论：留胡子只会长虱子，并不会长脑子。

▶ 发型越烂，头发长得越慢

发型定律：你的发型剪得越烂，头发长得就越慢。

当你好不容易剪了一个漂亮的发型时，你会发现头发长得奇快无比。

▶ 你的发型在要改变的前一天会被夸奖

简和玛莎美容院定律：当你计划理发的前一天，才会有人用最美的语言夸赞你的发型。

▶ 头发太长会显现出思想的轻浮

契诃夫定律：头发是人们头部最好的装饰品，但是谁也不知道，一旦头发长得太长（不是说女人），就会显现出思想的轻浮。

▶ 风不会顺着发型吹

发型定律：风永远不会顺着你的发型吹，因此你的发型永远是乱的。

▶ 怎么梳头发都会有根立着

梳头发定律：头发不管怎么梳，总有一根是立着的。

▶ 穿衣与心灵

马克·吐温箴言：有时候穿白衣服时可以马虎些，但是心灵一定要时刻保持干净整洁。

▶ 内心丑陋的人，外表再漂亮也没用

奥斯特洛夫斯基定律：一个人的美丽并不在于他的外貌、衣服和发型，而在于他本身，在于他的内心。因为一个内心丑陋的人，我们往往也会厌烦他漂亮的外表。

▶ 快乐是世界上最能让人美丽的化妆品

布雷顿定律：快乐是世界上最能让人美丽的化妆品，而忧愁则是最有效的催老剂。

▶ 生活方式不健康，任何化妆术都救不了

健康定律：如果你的生活方式不健康，那么任何高超的化妆术都救不了你。

▶ 奢侈品店员最势利

奢侈品店员眼光定律：奢侈品店员是最势利的一群人，只有穿上奢华的衣服，才能让他们摘掉有色眼镜。

▶ 不是所有牛仔裤都能得到四星级服务

奢侈品形象悖论定律：在奢侈品店，并不是所有破洞牛仔裤都能够给你带来四星级的服务，只有时尚而又不露痕迹且非常合身的牛仔裤才能办到。

▶ 法律专业一定要穿西装

法律业着装定律：互联网的繁荣让职业休闲装成为时尚，但是不管过了多少年，法律行业的从业人员依然要穿中性色调且剪裁讲究的西装，因为这样才显得专业。

▶ 女性裸露越多，实力越弱

女性着装忠告：人字拖不是明智之选，女性应该避免暴露太多的"事业线"和大腿。切记，在商场上，裸露越多，实力越弱。

▶ 穿运动服逛街会让你更成功

哈佛商学院研究：穿上普通运动服去逛奢侈品店，会让你在店员眼中的身价大增，这主要是因为特定的环境中与众不同的出场方式会让你显得更加成功、更具有影响力。因为，在奢侈品店员眼中，穿着运动服的人更自信，不需要盛装打扮。因此，比起身着名贵衣服的人，他们更有可能是多金的名流。

※ 推论

如果在工作场合和零售店中偏离常规，在某些情况下，会因为与众不同而在社交之中获益：

1. 在学术领域和工作环境中，穿着衬衫、胡子拉碴的教授会比那些整天西装革履、面庞干净利落的教授更受学生尊重。

2. 在商业计划大赛中，选择使用自定义PPT背景的参赛选手，会比那些使用默认背景的选手显得更有能力，也更容易胜出。

第 7 章

→ 处世技能墨菲学

在处世方面，有很多值得品味的道理，如果你帮助了一个急需要用钱的朋友，他一定会在下次急需要用钱的时候记得你。向别人解释出错的原因要比做对事情花费更多的时间。如果在做一件事的时候必须要摆平全部不同意见，那么什么都做不成……这些看似有些荒谬的定律，如果细细品味，不难发现其中蕴含的真理。每个人都有自己的处世风格，不过这也不妨碍他去遵循一些世上的规则。处世技能并不简单，不要掉以轻心，不然，你就会失败。

▶ 个人树立的权威终将倒掉

权威公认定律：权威只能是大众推选出来的，如果是个人强行树立的早晚会倒掉。

▶ 别人的错误也会污染自己

人错污己定律：老是盯着别人的过错不放，就总在污染自己。

▶ 对于任性的人除了赞美和友好，就是远离

任性人定律：对于任性的人，除了赞美和表示友好之外，只能默默地远离。

▶ 战胜对手主要靠本事

战胜对手定律：如果自身没有本事，胆子再大也不可能战胜对手。

▶ 慈悲是最好的武器

最佳武器定律：在世界上，慈悲是一个人最好的武器。

▶ 刺猬相处，亲密有度

刺猬理论：刺猬在天冷的时候靠互相靠拢来取暖，但是保持着一定的距离，避免刺伤对方。

▶ 交往要恭敬有礼

交往长久定律：交往的时间越久，双方越要恭敬有礼，这样才能长久。

▶ 天才对付不了吹毛求疵

利维第一定律：无论怎样的天才，都对付不了吹毛求疵的人。

▶ 你帮助的朋友，他一定会在下次需要帮助时想起你

处事墨菲定律：如果你帮助了一个急需要用钱的朋友，他一定会在下次急需要用钱的时候记得你。

▶ 压力会让事情恶化

墨菲压力定律：任何事情都会在压力下恶化。

▶ 不管持有怎样的期待都会产生消极结果

期望不可逆定律：消极的期待会产生消极的结果，积极的期待还是会产生消极的结果。

▶ 远离笨蛋，让他无法添乱

斯维亚克规则：让事情简单到笨蛋都无法添乱的唯一方法，就是远离笨蛋。

▶ 专业级笨蛋最可怕

雷赛尔定律：你能够让事情简单到连笨蛋都无法捣乱，但是却无法对付专业级笨蛋。

▶ 你不知道自己犯了多少错

测不准原则：只有你犯了多次错误之后，你才能意识到事情已经出错了。

▶ 你迷上的东西自己并不清楚

巴尔德里奇定律：要是知道自己痴迷上了什么，就什么都不会痴迷。

▶ 不可能摆平所有不同意见

黄金原则：如果在做一件事的时候必须要摆平全部不同意见，那么什么都做不成。

※ 推论

想要做成一件事，就要允许不同意见的存在。

▶ 事情败露喜忧参半

或然分布定律：不管什么事情败露了，都存在一些暗自窃喜的人，也有一些

无辜被伤害的倒霉蛋。

▶ 经验是自己创造的

经验定律：经验是一种在需要的时候并不具备的东西。

※ 推论

当你不需要经验的时候，总会有各种人给你提供经验。

▶ 不要做自己不想做的事

洛克菲勒法则：自己不想做的事情，无论如何都不要做。

▶ 被干扰之后，只有再被干扰才能成功

索德第一定律：人们打算做的事情，总会因为在无意间被其他（人为或自然）因素干扰而失败；不过，那些因素本身也是要做的事情，也会受到不同程度的干扰，因此有些事情还是做成了。

▶ 完美者缺少灵活性

完美僵硬定律：完美主义者一定存在不完美，因为他们都缺少灵活性。

▶ 无法欣赏别人，就无法被别人欣赏

汪国真箴言：一个无法欣赏别人的人，也无法被别人欣赏。

▶ 帮助别人就是帮助自己

罗斯金劝告：尽最大的力量帮助别人，就是尽最大力量帮助自己。

▶ 好玩的社交活动会被安排在同一天

社交定律：如果几个月只会有三次好玩的社交活动，那么就都会被安排在同一天晚上。

※ 推论

你什么时候有活动，完全取决于另一个活动什么时候开始。

▶ 被迫与不愿意交往的人打交道最可怕

何怀宏忠告：最可怕的事情并不是孤独与寂寞，而是你被迫要与不愿意交往

的人打交道。

▶ 探病要表现自然，回家注意洗手

探病定律：在探望生病的同事时，可以很自然地坐在他的病床上，不过，回家之后要认真洗手。

▶ 每个人都需要朋友

朋友法则：即使是大人物，也不可能伟大到不需要朋友。

▶ 对别人的怀疑就是对自己的怀疑

接纳定律：怀疑别人会排斥自己，其实是自己不能够接纳自己。

▶ 睁眼与正视现实

睁眼理论：睁着双眼，并不意味着已经正视现实。

▶ 开轿车的自己与骑自行车的同事

路上相遇相处定理：如果你自己开着轿车，不要特意停下来与你骑着自行车的同事打招呼，因为那样做会让对方觉得你在炫耀。

▶ 抛弃朋友等于抛弃生命

珍惜朋友理论：一个人如果抛弃了他最忠诚的朋友，就等于抛弃了最为珍贵的生命。

▶ 和好人吃糠胜过和坏人吃盛宴

与人相处定理：宁愿和一个好人一起吃糠，也不能与坏人一起吃盛宴。

▶ 不要和任何人纠缠

工作相处定律：不管任何时候，都不要与人（包括对你最不友好的人）纠缠，因为如果那样，在岗位空缺的情况下，你的工作将会被人抢走。

▶ 年纪增长的代价

对待钱财定理：一个人在年轻的时候如果只顾着自己，将会变得越来越吝

啬，老了之后将会变成一个无可救药的守财奴。

▶ 猜测与真诚

人际关系劝告：猜测是人际关系最大的敌人，而真诚则是破解人际僵局的最有力武器。

▶ 不要看轻任何人

傻瓜定律：永远都不要认为，任何你接触的人都会比你傻、比你笨、比你更容易被人骗。

▶ 破裂的友谊

友谊忠告：虽然破裂的友谊可能会恢复，但是再也到不了以前那种亲密无间的程度了。

▶ 不怀好意的人

不劳而获邪恶定律：世界上总有这样一种人，他们总希望某人在耕耘的时候身强力壮，在收获的时候却突发疾病而死去。

▶ 人生之路不能走两条

人生选择定理：虽然一个人选择的路有很多，但是却不能同时走两条路。

▶ 光明不会因为蒙住自己或他人的眼睛而消失

蒙眼法则：蒙住自己的眼睛，世界并不会变得一片漆黑；蒙住别人的眼睛，并不代表光明只属于自己。

▶ 贪图你的某些利益的女人终将弃你而去

女人离去定律：凡是因为有利可图而与你交朋友的女人，最后都会因为无利可图而弃你而去。

▶ 辛苦代表复杂

复杂辛苦定律：你之所以会感到辛苦，是因为你比别人要复杂。

▶ 忍耐要有一定的过程

忍让待机定律：忍耐要经过修整、反省、待机、决策、调适、超脱这一系列过程，不然一味地忍让只会让自身人格逐渐萎靡。

▶ 赶走带有负能量的事物

觉知纯正法则：要尽一切努力将一些带有负能量的事物赶出我们的觉知，如果过于在意它们就会扩大、固化它们。

▶ 不要盯着对方的短处不放

交际定理：不善于交际的人看到的总是别人的短处，只要觉得对方有一点缺点，就会偏执地认为对方无可救药，从而更加无法与对方交往。

▶ 人们很难回绝帮助过自己的人的要求

有求于人定律：如果人们在事前给过或者借过东西给对方，当自己有难有求于对方时，对方很难回绝。

▶ 摆脱不自在

轻松自在定律：什么会让你感到不自在，摆脱它吧！

▶ 疑心会产生疑心

肯尼迪忠告：一个疑心会引起另一个疑心。当然，一个信任的眼神也会激起其他人的信任。

▶ 被当成异类更受欢迎

异类定律：有时候，当我们被别人当作异类评价时，反而会更受欢迎。

▶ 没有成就与有成就都会失去朋友

成就定律：如果你没有取得成就，朋友会因为你太过平庸而离开你；如果你有杰出的成就，朋友会因为你太过卓越而离开你。

▶ 和对手保持友好关系

巴特勒观察：人类是世界上唯一一种在对对方下手之前，和对手保持友好关系的动物。

▶ 得罪小人与得罪君子

得罪定律：如果你不小心得罪了小人，你可能会因此惹上麻烦；如果你得罪了君子，那证明你可能是个小人。

▶ 身边人的平步青云会遭人忌妒

忌妒定律：人们忌妒的常常并不是陌生人的平步青云，而是身边人的平步青云。

▶ 世界上最容易酿成人生悲剧的两种人

人生悲剧定律：世界上最容易酿成人生悲剧的两种人，一种是万念俱灰的人，另一种则是踌躇满志的人。

▶ 利益冲突会让朋友反目成仇

反目成仇定律：在没有任何利益冲突的时候，人们常常会称兄道弟；而一旦有了利益冲突，就会马上反目成仇。

▶ 需要的和不需要的

需要得到定律：你最需要的东西，在分配的时候，常常会得到最少的那一份；而你最不需要的东西，在分配的时候，得到的往往是最多的。

▶ 即便出发点好也不能替别人做决定

代替定律：就算出发点是好的，你也不能代替别人去决定什么。

▶ 把别人当傻瓜只能证明自己傻

傻瓜定律：将别人当成傻瓜的人，那肯定是因为自己傻到了顶点。

▶ 别等到交不了差才找借口

借口定律：所有的事情，别等到明天交不了差再找借口，今天就要找好借口，虽然最后借口依旧会被识破。

▶ 戴金表的与镶金牙的

炫耀定律：佩戴着金表的人喜欢拍腿，而镶着金牙的人特别喜欢咧着嘴笑。

▶ 仙人掌被赶到沙漠的原因

仙人掌定律：仙人掌之所以会被人们赶到沙漠中去，就是因为它全身上下都是刺。

▶ 别人都不对，肯定是自己的错

错误定律：如果在做一件事的时候，认为别人做得都不对，那一定是自己错了。

▶ 越穷的人越爱摆阔

摆阔定律：在现实生活中，越贫穷的人越喜欢摆阔，而越富有的人越低调。

▶ 说随便的人要求高

要求定律：越是嘴上说随便的人与什么都可以的人，要求越高。

▶ 对手没占便宜

吃亏定律：只要你认为自己并没有吃亏，那么对手一定也没占什么便宜。

▶ 不想见的人经常来拜访

加布里埃定律：最不想要见到的人，常常会登门来拜访你。

▶ 对手太傻不是好事

对手定律：如果你的对手太傻，并不是什么好事，因为那就证明你和他差不多。

▶ 我们与人相处的方式决定了与人相处的好坏

克林纳德法则：与对方相处得好坏，很大程度上取决于我们采用怎样的方式与人打交道。

▶ 禁忌的形成

忌讳效应：因为风俗的不同或者个人的原因等，对一些言语或者举动有所顾忌，久而久之就变成了禁忌。

※ 推论

知道别人讨厌什么，比知道别人喜欢什么更加重要。

▶ 互相喜欢定律

弗里德曼定律：当一个人的需要能够让另一个人的需要也得到满足的时候，两个人就开始互相吸引。

▶ 原则问题大部分都是钱的问题

原则定律：当一个人主动告诉你"这是原则问题，不是钱的问题"时，大多数都是钱的问题。

▶ 最想参加你葬礼的人和最不想参加你葬礼的人

葬礼定律：最想要参加你葬礼的人，一定是恨了你一辈子的人；最不想要参加你葬礼的人，一定是那个借给你钱的人。

▶ 成为伪君子的条件

伪君子法则：一个没有价值观与做人标准的人永远也做不成伪君子。

▶ 陷入困境时消极思考会陷入万劫不复之境

原一平忠告：一个人在陷入困境的时候，如果只会从消极方面去思考，情况只会变得越来越糟，最后只能变得萎靡不振，陷入万劫不复之中。

▶ 动力往往来自希望或绝望

动力定律：动力往往起源于两种原因——希望或者绝望。

▶ 违反规范的人

茨威格名言：在生活中所有违反规范的事情，在一开始时都会让人觉得奇怪，然后产生愤怒的情绪。

▶ 我们要遵从法令

卢梭箴言：毫无疑问，应该遵从法令，但是最重要的事情，是能够在必要的时候打破法令。

▶ 容易强化的行为被过分压制就会出现反抗

斯金纳警告：一个非常容易强化的行为如果受到了过分压制，就可能会导致被压制者开始反抗施加惩罚的组织。事实已经证明，禁酒并不能控制酒的供应量。

▶ 害怕的事越去尝试越不害怕

恐惧效应：多去做做让自己害怕的事情，你就会发现自己的恐惧感已经慢慢消失了。

▶ 太在意不如意的事情会引起身体与精神上的疾病

心理平衡效应：在现实生活中，常常会发生不如意的事情，如果不能够泰然处之，就很容易引起心理上的不平衡，引起身体与精神的疾病。

▶ 颠覆不过是快乐的痛苦

逆反效应：具有逆反性格的人应该明白的是，颠覆实际上不过是快乐的痛苦。

▶ 奖励促进进步

糖果效应：如果一个人每进步一小步，都能够得到及时的奖励，品尝到成功的滋味，那么他将会获得更大的成功。

▶ 争执往往会两败俱伤

南风效应：与别人发生矛盾时互不相让，到最后常常会两败俱伤；而如果双方能够心平气和地谈谈，往往能够化解误会、消除矛盾。

▶ 让喜欢你的人更喜欢你

增减效应：良好的人际交往水平，能够让原本就喜欢你的人更加喜欢你；而如果没有人际交往能力，则会让讨厌你的人更加讨厌你。

▶ 我们总是认为对方也有与自己同样的心理特征

投射效应：如果我们总是将自己的心理特征放在别人身上，认为对方也有同样的心理特征，那么我们不仅无法真正地去了解别人，更无法真正地了解自己。

▶ 想让对方接受难要求，必须先让他接受简单的小要求

登门槛效应：如果想要别人接受一个大的，甚至很难实现的要求，最好先让他接受一个小要求，一旦他接受了这个小要求，就会很容易去接受更高的要求。

▶ 无法避免碰上得罪的那个人

罗兰忠告：不要自认为世界大、道路多，你就肆无忌惮地得罪人，认为这些人永远不可能再见面。因为一旦这么想，你就会发现，人们总是在那几条路上挤来挤去，不管你怎么避免，总是会碰上。

▶ 不要在每个人面前显露才能

葛拉西安定律：不要在每个人面前都显露你的才能，因为你不一定每次都能收获崇拜的目光，有时甚至会收到鄙视的目光。

▶ 身居高位的人想再升职必须把弱点藏起来

司汤达忠告：对于一个已经身居高位并且想要居更高位的人来说，最合适的方法就是把自己的弱点藏起来。因为有野心、想当人上人的人，如果像平常人那样将弱点放在外面，必然会失败。

▶ 再贵重的礼物也敲不开心门

培根忠告：不是真正的朋友，再贵重的礼物也敲不开他的心门；而真正的朋友，不需要贵重的礼物就明白你的意思。

▶ 穷神可以识破虚假的友情

检验友情定律：当贫穷之神来拜访你的时候，虚假的友情就会越窗而去、仓皇逃走。

▶ 看不见和看得见的

世俗定律：人们总是会被看不见的影响，被看得见的迷惑。

▶ 老鼠与猫结交时的注意事项

交朋友定律：老鼠在结交猫的时候，最好附近能够有一个洞。

▶ 意志力薄弱的人

拉罗什富科忠告：意志力薄弱的人通常都不够真诚；而意志力坚定的人通常都重情重义。

▶ 衡量他人的标准

标准定律：只要在世界上生活，人们就会不自觉地用自己的认知与标准去衡量他人的行为。

▶ 走错一步麻烦大

成长定律：不管你走出了多少步，如果没走好其中一步，你就必须要返回来重新走，有时甚至连重新走的机会都没有。

▶ 早晚得吃苦

吃苦定律：年轻时候不吃苦，老来就会吃苦；30岁之前没有吃苦，那么30岁以后会加倍吃苦。

▶ 黑白势不两立又互相转化

黑白定律：黑、白是大自然的两种颜色，合在一起就组成了社会，反差是最大的，也是最势不两立的，同时又能互相转化，谁也离不开谁。

▶ 缺点和优点的关系

长短定律：长长为短，短短反长。缺点是优点的延伸，而优点则是将缺点放对了地方。

▶ 勇敢经常发生在对危险无知的阶段

勇敢定律：勇敢是一种高端品行，经常发生在对危险一无所知的阶段。

▶ 被跟随者一直在被窥探隐私

从者定律：跟随的人总在窥探被跟随的人的隐私，被跟随者越是不想让他知道，他就越想要知道。

▶ 偶然总是不期而至

偶然定律：影响人们一生的事情，总是在偶然间发生。

▶ 学问为什么被扔掉

学问定律：学问总是会被不了解的人当成是垃圾扔掉。

▶ 聪明的人做事留余地且懂得吸取教训

智者定律：聪明的人从来不把事情做绝，也不会炫耀自己的成功，更不会在同一个地方跌倒两次。

▶ 欠债必须要还

债务定律：世界是公平的，不会宽恕任何一个人，有欠就要还，今天不还明天还，这一代没还下一代接着还。

▶ 任何人都不能骑到你的背上

弯腰定律：除非你自己弯下腰，不然任何人都不能骑到你的背上。

▶ 如果觉得自己完全理解了别人的意思

格林斯潘交际名言：如果你认为自己已经完全理解了别人的意思，那么你一定误解了别人的意思。

▶ 暗礁存在的意义

暗礁存在定律：如果没有暗礁，哪个水手会对着灯塔默默地流泪呢？

▶ 别人的背叛

背叛定律：如果别人背叛了你一次，那是他的错；如果别人背叛了你两次，那一定是你的错。

▶ 人们应该知道的安全须知

安全定理：第一，提防没有什么脾气的人发火；第二，不要去和没有什么东西可以再失去的人竞争。

▶ 看不顺眼的人

疲劳定律：对于看不顺眼的人，疲劳的一定不只是眼睛。

▶ 心中没有企图的人

纯粹定律：一个人如果心中没有企图，将会活得很纯粹，将会很少被别人利用。

▶ 向鳄鱼池投掷物品的人

肯尼迪天然动物园告示：只要是向鳄鱼池投掷物品的人，都必须自己捡回来。

▶ 没有雪花会为雪崩负责

雪花责任：没有一朵雪花觉得自己应该为雪崩负责任。

▶ 掉入自己挖的陷阱里

陷阱定律：为别人挖陷阱，掉下去的往往是自己。

▶ 如果自家窗户是玻璃的

窗户定律：如果自己家的窗户是玻璃的，那么请不要向邻居家投掷石头。

▶ 不知足的人的表现

富兰克林谈知足：对于永远都不知道满足的人来说，没有一把椅子是舒服的。

▶ 即便是天才也没办法都有大成就

歌德成就名言：我们可以从前辈与同辈那里得到的东西，就是：即便是最大的天才，如果想要单凭自己的内在自我去对付外面的一切，他一定不会取得什么大的成就。

▶ 一个人就如同一个分数

托尔斯泰分子分母理论：一个人就如同一个分数，他的实际才能就是分子，而他对自己的估价就是分母。分母越大，那么分数值就越小。

▶ 该让人同情时却引起了人们的讥笑

菲尔丁定律：如果丑陋的人想要别人称赞他漂亮，瘸子偏偏想在众人面前表现自己的矫健，那么这种原本可以引起人们同情的不幸情况反而会引来人们的讥笑。

▶ 游戏人生的人一事无成

歌德谈人生：如果谁想要游戏人生，他将一事无成；如果谁不能主宰自己，那么他将永远是一个奴隶。

▶ 意见中让人烦躁不安的成分

萧伯纳意见定律：一条批评意见所提供的让人烦躁不安的成分，与这条意见难以消化的程度成正比。

▶ 一个伪装的朋友比公开的敌人更糟

朋友与敌人定律：一个公开的敌人可能会成为祸害，但是一个伪装的朋友则会让你的处境变得更糟。

▶ 处在社交圈中是烦恼

王尔德社交法则：处在社交圈中是一种烦恼，但是从社交圈中超脱出来则是一场悲剧。

▶ 狐狸讲的故事都是关于偷鸡的

阿尔巴尼亚格言：狐狸讲了一百个故事，但全都是关于偷鸡的。

※ 推论

人们总是对自己感兴趣的东西滔滔不绝，虽然别人根本就不感兴趣。

▶ 想要成功，就必须表现得像傻瓜一样

孟德斯鸠观察：一个人如果想要在这个世界上获得成功，他就一定要表现得像傻瓜一样——神情痴呆，脑瓜聪明。

▶ 在螃蟹眼中，人类是愚蠢的

利希滕贝格定律：在螃蟹看来，朝前行走的人类要多蠢有多蠢。

▶ 瞎子与独眼龙

莫泊桑讽刺：在瞎子的国度中，独眼龙就可能当国王。

▶ 你不得不接受的残酷事实

残酷的事实：你必须接受这个事实——有时候你是在雕塑上肆无忌惮排泄的鸽子，而大部分时候，你都是那无辜的雕塑。

▶ 狗咬了你，你会咬狗吗？

报复定律：关于报复，狗咬了你，你还会咬狗吗？所以，没必要对伤害过你的人——抱怨和"反馈"，因为这种大量耗费时间和精力的事情，在某种程度上是没必要和不值得的。

▶ 不会处世的知识人

为人处世法则：满腹经纶的人不会为人处世，就像是带着一袋子黄金去逛街，却找不出打电话的零钱。

▶ 不管你对与不对，都不能批评别人

批评定律：当你对的时候，用不着批评别人；而当你错的时候，则没有资格去批评别人。

▶ 看一个人的真正标准

衡量定律：衡量一个人的真正标准，要看他如何对待那些不能给他带来任何好处的人。

▶ 让一个人快跑的两种方法

快跑定律：让别人快跑可以采用两种方法，一是让他有所追；二是让他被别

人追。

▶ 人生如外语，没人能发准音

莫利定律：人生就是一门外语，每个人都发不准它的音。

※ 推论

1. 别想着自己能够预测和判断正确所有的事情，这简直就是天方夜谭。

2. 别认为自己很了解一个人，不要轻易给对方贴上"很好"或者"很坏"的标签，那意味着你正在犯错误。

3. 人生会有很多得意和失意的事情，或许下一步你就会有好的或者坏的遭遇，但是这并不妨碍你继续走向美好的未来。

▶ 给别人忠告前

给别人忠告法则：忠告就像是炒菜一样，在给别人吃之前，一定要自己先尝尝。

▶ 装满自己想法与看法的人

听别人心声注意事项：心里装满了自己的想法与看法的人，永远都听不到别人的心声。

▶ 摘果实的人与捡果实的人

摘果实与捡果实定律：摘果实的人往往站在高处，但是捡果实的人却总是站在最低处。

▶ 没人知道谁会出席自己的葬礼

葬礼定律：人生最大的遗憾就是永远都不知道谁会出席自己的葬礼。

▶ 真正的知己比骗子冷漠

知己定律：真正的知己看上去比骗子还要冷漠，因为他们希望用一种最理性和公平的方式来给你意见。一味附和你的人，并不一定是好朋友。

▶ 不要计算得失

得失定律：不要常常去计算得失，那是保险公司与竞争对手要做的事情。

▶ 人们在失去幸福之后

奥里亚娜定律：失去幸福的人们，头脑反而会变得更清醒，因为梦幻常常让人们神志恍惚与不明事理。

▶ 不消灭敌人的后果

萨迪敌人定律：能够消灭敌人的时候，如果不把敌人消灭，就相当于与自己为敌。

▶ 朋友与敌人

席勒定律：朋友是宝贵的，但是敌人却可能是有用的。朋友会告诉你，你可能做什么；敌人将会教育你，你应该怎么做。

▶ 哪里都能碰到敌人

裴多菲定律：不管你走到哪里都有敌人，而且最厉害的敌人往往是你身边的人。

▶ 帮助一个坏人不是一件好事

普拉图斯定律：帮助一个一直作恶并企图继续作恶的人，就像是伤害一个好人一样可怕。

▶ 从奴隶到国王，对谁都不能轻慢

富兰克林处世名言：不管是面对奴隶还是面对国王，都不能怠慢，因为即便是小小的蜜蜂也有能够伤人的毒刺。

▶ 不想渴死就要学会用一切工具喝水

尼采处世哲学：谁不想要在人群中被渴死，谁就应该学会用一切工具喝水；谁想要在人群中保持清洁，谁就要学会用污水自洗。

▶ 有把握，再去做

特拉普定律：没有经过验证就不要信任，没有探明道路就不要迈步。

▶ 最高明的处世法则

吉姆梅尔定律：最高明的处世法则不是妥协，而是学会适应。

▶ 与别人相处太过亲密的后果

乔叟处世名言：与别人相处太过亲密，会损害自己在对方心中的印象。

▶ 鞋匠能做出好鞋子的原因

爱默生观察：鞋匠能够做出好鞋子，主要是因为他除了做鞋子别无所长。

▶ 担心犯错会造成更严重的损失

泰戈尔忠告：人们永远在犯错误、受挫折、伤脑筋，但是绝不会因此而停滞不前；应该完成的任务，即便为它牺牲生命，人们也会尽力去完成。社会之河的圣水就是因为被一股永不停滞的激流推动向前才得以保持洁净。这也就意味着河岸会偶尔被冲垮，在短时间内造成损失，不过如果因担心河堤被冲垮就想方设法堵死这股激流，那么只会导致停滞和死亡。

▶ 与重要的人在一起的条件

人证定律：与重要的人在一起的时候，一定要确保有人见证。

▶ 任何结果都会有三种结局

结局定律：无论预期结果如何，总有人会着急于曲解结果、捏造结果，或者认为这次的结果符合自己相信的某种理论。

▶ 最坚信不疑的往往有错

坚信定律：在任何数据当中，看起来最正确的那个数据往往有问题。

※ 推论

1. 你所求助的人常常都看不到问题所在。
2. 主动帮忙的路人常常能够一眼看穿问题所在。

▶ 拜金主义者成为了金钱的奴仆

拜德领悟：拜金主义者认为自己可以用金钱去奴役别人，没想到自己却成了金钱忠实的奴仆。

※ 推论

1. 金钱是人类一切卑鄙行为出现的根本原因。有了它，那些世界上最龌龊的东西会在国家生活的表面泛滥，并支配一个国家的命运。

2. 如果你将金钱当成是上帝，那么它就会像魔鬼一样对你进行折磨。

▶ 炒作专门攻击弱者

索罗斯格言：炒作就像动物世界的森林法则，专门用来攻击弱者，而且百发百中。

▶ 指点风景前，要先爬上屋顶

歌德定律：在你给我指点风景之前，你要先爬上屋顶。

※ 推论

1. 想要给别人提出意见，就要先成为这个领域的行家。

2. 在你本事还不够的时候，不要随意去诟病别人的问题。

3. 说别人有什么毛病的人，自己的毛病只会更多。

▶ 出糗的时候更容易遇到熟人

交际法则：当你出糗的时候，你遇到熟人的概率要比遇到陌生人的概率大得多。

▶ 最傲慢的军官往往是最低等级的

军官定律：等级最低的军官往往都是最傲慢无礼的。

※ 推论

1. 一个人只有在无知的时候，才会觉得自己是全能的。

2. 抱怨这个世界到处都是烦恼和痛苦的人，不是世界很烦，而是他自己就很烦。

▶ 最有趣的娱乐也是最没有意义的

夏尔多纳定律：最有趣的娱乐活动也是最没有意义的。

▶ 酒不会发明东西，除了让你说出秘密

席勒定律：酒不会发明任何东西，但是它会使你讲出心中的秘密。

▶ 贤者却无法制造贤者

傻瓜理论：在这个世界上，傻瓜可以制造出很多的傻瓜，可是贤者却极少能够制造出贤者。

※ 推论

1.看一所公司的好坏，不是看规模，而是看它的领导班子。

2.看一所学校的好坏，不是看老师的学历，而是看老师的德行。

3.一个优秀的家长，也不要对自己过分自信，因为你不一定能够培养出比别人更出色的孩子。

4.家境好的孩子也要控制自己的优越感，因为你不一定比家境差的孩子更有能力和优势。

▶ 每个人的童年都有个严肃的结尾

史铁生箴言：每个人的童年都有一个严肃的结尾，大约都是突然面对了一个严峻的事实，再不能睡一宿觉就把它忘掉。事后你会发现，童年已经不复存在。

▶ 真正的新闻是坏消息

麦克卢汉定律：真正的新闻其实是个坏消息。

※ 推论

1.女人、金钱和坏事这三样，属于永不过时的新闻。

2.发生灾难或者是意外的地点越远，伤亡人数越多，才算是新闻，否则就不算。

3.狗咬伤了人并不是新闻，人咬了狗才算是新闻。

4.新闻就是设置一个议题，挖一个坑，引诱人们跳进去，想跑都跑不掉。

5.每年都有规定的时间、规定的版面，去报道一些题材内容相似的新闻。如果你仔细一点就会发现，有些新闻只是换了个时间和数字，重新发表了而已。

6.有些新闻记者说，有些事情并不是真实的，但是他们的任务就是重复地报道，报道得多了，假的也就变成真的了。

7.在新闻界，越是残酷的故事越能够引发关注，报道这些事件的人，是永远不会失败的。

8.人们品茶聊天的最佳话题就是风流韵事与丑闻。

▶ 报社的三不问定律

三不问定律：在报社有一个不成文的规定，同行见面三个问题不要问：女人的年龄、男人的收入和报刊的发行。

▶ 威望是什么

威望定律：威望指的是当别人提起你的名字时，叹气的人并不多。

▶ 狮子是独来独往的

维尼语录：怯懦的动物通常是成群结队的，而勇猛的狮子则是独来独往的。

▶ 美德和才智遮掩了丑陋

拉布吕耶尔定律：不管一个人的外在多么的丑陋，只要他兼备美德和才智，他的丑陋就不会显现出来，即便显现出来，人们也不会在乎，更不会给人留下不好的印象。

▶ 坏习惯难奉养

洛克菲勒定律：养成坏习惯是一件很容易的事，而奉养坏习惯却是一件很困难的事。

▶ 先吃好的苹果

苹果认知定律：有一堆苹果，有好有坏，那么你就应该先吃掉好的苹果，将坏苹果丢掉；如果你先吃坏的，那么好的也会变坏，你将永远吃不到好的。

▶ 对误解你的人说真话会加深误解

霍普定律：对一个误解你的人说真话，只会引起他对你更大的误解。

※ 推论

将误解一直进行下去，误解就会自然而然地瓦解。

▶ 一直让你发言的人要提防

法朗克·马金尼·哈巴德法则：要小心提防那个一直让你发言的人，因为没有人的发言是完美无缺的。

▶ 无法控制事情，要控制自己

情绪控制理论：有些时候，我们并不能控制事情的发展，所以只能控制自己。

▶ 根据发问判断一个人

伏尔泰定律：判断一个人的时候，要根据这个人的发问，而非答复。

▶ 面带微笑说话的人

乔治·卡林定律：如果一个人的脸上一直带着微笑，那么他很可能在推销一件无法使用的东西。

▶ 谦虚是完全不想自己

卢维斯定理：谦虚不是把自己想得很糟，而是完全不想自己。

※ 推论

如果将自己想得太好的话，就很容易将别人想得太糟糕。

▶ 拜访奢侈的人会变得奢侈

葛德文定律：那些常常拜访奢侈的人，会很快沾染上奢侈的恶习。

▶ 理智的人在危险面前更聪明

司汤达定律：理智的人在遭遇危险的时候都会急中生智。可以这么说，在危险面前，理智的人要比平时更聪明。

▶ 没有交友的欲望就交不到朋友

饥渴定律：即使你一直保持渴望朋友的状态，也不一定能交到朋友；但如果没有想交朋友的强烈渴望，即使你整天参加聚会，也难以把"舒适圈"扩大为"人脉圈"。

▶ 投资人情

互动定律：投资人情和投资房地产的不同之处在于，若要人情投资回报更大，重点不在于投入多少，而在于你是否与对方进行了良好的气场互动。

▶ 气场要平衡

平衡定律：如果气场无法达到平衡，那么就会出现你对一个人好，他也不会领情；你厌烦的那些人每天缠着你，还自认为是你的知己的情况。

▶ 主动臣服

示弱定律：人际交往中，和谐是最重要的原则。而要保持和谐，首先就是要化解关系中的敌意，避免冲突，示弱就是避免冲突的最好策略。示弱并非出于软弱，而是通过灵活控制自身气场来实现交际气场的稳定，是一种强者的智慧，恰当的示弱能够让你交到很多能力较强的朋友。

▶ 信息同频才能实现心灵共鸣

　　信息共鸣定律：如果没有心理共鸣很难交到朋友，即便交到朋友也不过是泛泛之交。

第 8 章

→ 时间墨菲学

时间永远是最公平的，给每个人都是 24 小时；时间也是最不公平的，给每个人都不是 24 小时。一分钟到底有多长？这要看你到底是蹲在厕所里面，还是等在厕所外面。敢于和时间赛跑的人，不一定会赢得过时间。普通人总在想着如何打发时间，而精明干练的人却总在想着如何有效地利用时间……时间墨菲学给予了人们对时间不一样的看法，时间像个捣蛋鬼，因为人们总是无法捉住它的影子，不过高明的人似乎给时间套上了一个项圈，可以将它随时掌握在自己手中。时间是人类构想出来的，也是客观存在的。你抓住时间了吗？

▶ 时间是最公平的也是最不公平的

赫胥黎的劝告：时间永远是最公平的，给每个人都是24小时；时间也是最不公平的，给每个人都不是24小时。

※ 推论

1. 谁对时间越吝啬，时间就会对谁越大方。
2. 懂得珍惜时间的人，从来没有工夫抱怨时间不够。

▶ 厕所内外的时间对比

时间相对理论：一分钟到底有多长？这要看你是蹲在厕所里面，还是等在厕所外面。

▶ 遥不可及的未来更美好

菲尼根定律：未来越是遥不可及，看起来越美；越是近在咫尺，越感到没有意思。

▶ 戒掉不良习惯会让你感到人生的漫长

马克·吐温的观察：如果你戒酒、戒烟，不再出去狂欢，你不一定会活得更久一些，却会更加感到人生的漫长。

▶ 如果时光倒流，人们会珍惜时间

萧伯纳准则：人生最大的叹息，就是年轻的激情没能实现，年老的追忆从没有发生。勇气是年轻人最夺目的装饰品。如果人一生下来就到了中年，然后再慢慢年轻，相信那样，他会珍惜所有的时光，绝不会在一些鸡毛蒜皮的小事上消耗自己。风华正茂的夜晚给老年人带来的是平静，给年轻人带来的是希望。

※ 推论

1. 应该在今天做的事情如果没有着手，明天再早做也是耽误。

2. 活在过去唯一的一个好处，就是所有商品都便宜。

3. 当很多人在一条路上徘徊不前的时候，他们不得不让开一条大路，让那些懂得珍惜时间的人跑到他们的前面去。

4. 敢浪费哪怕一个小时时间的人，都说明他还没有彻底懂得生命的全部价值。

5. 没有任何办法能够让时钟的钟摆再敲响过去的钟点。

6. 放弃时间的人，时间也终将会放弃他。

▶ 忘记今天的人会被明天忘记

歌德忠告：忘记今天的人终将会被明天忘记，因为明天也终究会变成今天。

▶ 懒人总是不考虑今天

克本斯名言：懒人总是说明天会怎样怎样，却从来不考虑今天应该怎么办。

▶ 明天负责揭今天的短

艾扬格法则：明天是对今天的讽刺，能够将今天的短都揭露出来。

▶ 49 岁人的最大安慰

德克西49岁定律：当一个人活到49岁的时候，最大的安慰就是自己意识到，对于年轻人来说，自己年龄太大了。

▶ 想要节省时间就必须学会拒绝

省时定律：如果想要节省时间，就一定要学会拒绝。

▶ 与时间赛跑不一定会赢得过时间

杜拉克定律：敢于和时间赛跑的人，不一定会赢得过时间。

▶ 给自己足够多的时间一定会迟到

迟到定律：想要迟到的最佳方法，就是给自己足够多的时间。

▶ 老人感叹日长年短

时间定律：日复一日，年复一年，时间总是积日为年地走着，让老年人总是感叹日长年短，年轻人则觉得日短年长。

▶ 节约时间就要合理安排时间

培根定律：想要节约时间，唯一的方法就是要合理安排时间。

▶ 抛弃今天的人，会被明天抛弃

时间定律：抛弃了今天的人，也会被明天抛弃，而昨天不过是过眼云烟。

▶ 时间是聪明人唯一的资本

巴尔扎克箴言：除了聪明之外，没有别的资产的人，时间是唯一的资本。

▶ 时间无法找回

乔叟观察：丢失的牛羊可以找回来，可是丢掉的时间却再也找不回来了。

▶ 时间总是被一分钟一分钟浪费掉

雷曼定律：经验证明，大部分的时间都是被一分一分地，而不是被一小时一小时地浪费掉的。一只底下有小洞的桶与一只故意踢翻的桶最后都会流空。

▶ 历史不会说谎

圣茨伯里定律：历史学家可以说谎，但是历史却不能。

▶ 历史与时间抗衡

塞万提斯箴言：历史孕育了真理，它能够与时间抗衡，能把旧闻逸事保存下来；它是过去的踪迹，当代人的鉴戒，后代人的教训。

▶ 历史记录着人类的灾患、愚蠢与罪恶

吉本观察：人类的灾难、愚蠢和罪恶都被记录在了历史上，谁都无法逃脱历史的记录。

▶ 醉汉没有时间

朝鲜谚语：盲人没有白天，醉汉没有时间。

▶ 明天会把人们送入坟墓

屠格涅夫定律：明天，明天，还有明天，人们总是用这样的话来安慰自己，却不知道这个明天，却会将他们慢慢地送入坟墓。

▶ 精干的人想着如何利用时间

叔本华观察：普通人总在想着如何打发时间，而精明干练的人却总在想着如何有效地利用时间。

▶ 人类总在浪费时间

杜拉克箴言：人类都是时间的消费者，但是大部分人却只能被称为是时间的浪费者。

▶ 人们总在感叹时光短暂

霍尔巴赫忠告：人们总是在感叹生命的短暂与时间的飞逝，而大部分人却不知道用时间和生命去做些什么。

▶ 想让今天与过去不同的办法

斯宾诺莎观察：如果你想要让今天与过去不同，那么请耐心地对过去进行研究。

▶ 过去、现在与将来

儒贝尔忠告：商量的时候，想一想过去；享乐的时候，想着现在；而想要做些什么的时候，不管要做什么，都应该想一想将来。

▶ 善于利用时间的人能找到充裕的时间

歌德观察：善于利用时间的人总是能够找到充裕的时间，而不善于利用时间的人总在抱怨没有时间。

▶ 时光的魔力

司各特箴言：时光可以让最锋利的刀生锈，岁月能够让最强的弓弩折断。

▶ 珍惜时间能够让生命变得有价值

卢瑟·伯班克定律：时间并不能够让一个人的生命增加，但是珍惜时间却能够让生命变得更有价值。

▶ 时间能够改变你的名字、性格、外貌以及命运

柏拉图箴言：时间能够带走一切，久而久之会将你的名字、性格、外貌以及命运全都改变了。

▶ 三种时间的步伐

席勒定律：时间的步伐通常可以分为三种——姗姗来迟的未来、像箭一般飞逝的现在，以及岿然不动的过去。

▶ 拖延与期待、依赖未来是对时间的最大损害

塞涅尔观察：拖延与期待、依赖未来是对时间的最大损害。人们不应该放弃可以支配的现在，而去期待虚无缥缈的将来，为一件不确定的事情而放弃已经确定的事情。

▶ 做事耗时太多的后果

培根观察：时间与事业的关系，有点像金钱与商品的关系。做事情耗时太多，就意味着买东西的时候付了高昂的价格。

▶ 时间能够治愈创伤

米南德定律：时间可以治愈所有的创伤。

※ 推论

1. 时间能够刺破青春最华丽的精致，能够将平行线刻在美人的额头；会将稀世珍宝、天生丽质全都吞下去，所有的一切都逃不过它横扫的镰刀。

2. 时间是一个常数，但是对勤奋的人来说，却是一个变数。用"分"来计算时间的人的时间，要比用"小时"来计算时间的人多出 59 倍。

3. 时间是一个健谈的人，他对我们可以解释一切，但是你却不能在他发言之前先提问。

4. 时间常常会给那些不能理解的东西改换名称，但是到头来人们依然还是不理解。

▶ 时间是个趋炎附势的主人

莎士比亚谈时间：时间就像是一个趋炎附势的主人，对于一个要走的客人，不过只是和他稍微地挥一挥手；对于一个新来的客人，却总是张开双臂，飞奔过去拥抱他，含笑地欢迎，而告别却总是带着叹息。

▶ 没人能预支未来

塞涅卡定律：任何人都没有权利去预支未来。

▶ 时间的长与短

富勒定律：痛苦一小时也会觉得长，而欢乐一天却总是觉得短。

▶ 对历史的无知

福楼拜定律：我们对历史的无知会让我们不停地诽谤自己的时代，而人们总是这样。

▶ 过去与现在都是手段，未来才是目的

帕斯卡箴言：我们几乎都不会为现在考虑，即便偶尔想到，也只是为了处理未来，才突然想到要从现在得到一些指引未来的光。现在绝对不会是我们的目的，过去与现在只不过是我们的手段，唯有未来才是目的。

▶ 应该把时间当成工具而不是沙发

肯尼迪忠告：我们应该把时间当作工具而不是沙发，你要站着工作而不是坐着享受。

▶ 人们如果知道自己的未来

霍索恩定律：如果人们知道了自己的未来，那么他的一生将会在无限的恐惧与欢乐混淆的惶恐不安中度过，连一瞬间的平静都成为了奢望。

▶ 时间的魅力

伏尔泰谈时间：最长的莫过于时间，因为它是永远没有穷尽的；最短的也莫过于时间，因为所有的计划都来不及完成；对于等待的人来说，时间是最慢的；对于行乐的人来说，时间是最快的；时间可以扩展到无限大，也可以被分割到无限小；谁都不会重视现在，而对于过去，所有的人都在表示惋惜；没有了时间，所有的事情都无法完成；不值得纪念的所有事情都会被人忘却；伟大的，时间可以让它们永垂不朽。

▶ 古代的历史

伏尔泰定律：就像是一位哲人所说，古代的历史不过是一些脍炙人口的寓言。

▶ 没有人能敌得过时间的镰刀

莎士比亚时间名言：没有人能敌得过时间的镰刀，但是不要怕，你死了，你的子子孙孙也敌不过它。

▶ 时间是疗伤者，也是污垢的美容师

时间的正反作用：时间可能是伟大的疗伤者，但是它也是掩盖污垢的美容师。

▶ 时间是事物中最难划清界限和似是而非的

科尔顿时间名言：时间是全部事物中最难以划清界限和似是而非的，过去的已经消逝，将来的还没有到来，而现在当我们试图对它划分的时候，它已经成为了过去，像闪电一样，仅仅存在于一刹那。

▶ 不善于利用时间的人总抱怨没有时间

拉布吕耶尔定律：不善于利用时间的人总是抱怨没有时间，因为他们都将时间利用在了吃穿住行以及闲聊上面，却从来不考虑应该做什么，而是总想什么都不去做。

▶ 寿命的减少与思想的虚耗

达尔文箴言：思想虚耗多少，寿命就会减少多少。

▶ 人们总是用时间做一些稀奇古怪的荒唐事

格拉宁观察：时间最让人烦恼的地方就是它不能不用。结果人们在使用它的时候随性至极，乱花滥用，干的都是一些稀奇古怪的荒唐事。

▶ 大多数人都是在别人荒废的时间中崭露头角

福特观察：大多数人都是在别人荒废的时间中崭露头角的，所以不要荒废时间，不然你的机会就被别人抢走了。

▶ 历史的轮回

格兰桑定律：我们在极短的时间里学到许多东西，在稍长一点的时间里学到一些东西，而在较长时间里什么也学不到，这就是历史的轮回。

▶ 时间是好公司的朋友，坏公司的敌人

巴菲特谈时间对公司的影响：时间是好公司的朋友，是坏公司的敌人；时间能让好公司变得更好，让坏公司倒闭。

▶ 人生只有两分半钟的时间

普鲁塔克定律：人生只有两分半钟的时间，一分钟用于笑，一分钟用于感叹，半分钟用于爱，因为人们会在第三分钟里死去。

▶ 老人总在抱怨

约翰逊抱怨定律：每位老人都在抱怨世界在堕落，抱怨下一代的无礼与傲慢。

▶ 不利用时间的人爱抱怨时间短暂

拉布吕耶尔定律：最不善于利用时间的人，最喜欢抱怨时间的短暂。

▶ 没人能将最后一缕阳光保留

时间不能保留定律：黑夜降临的时候，没有人能够把最后一缕阳光继续保留。

▶ 时间是所有成就的土壤

麦金西定律：时间是世界上所有成就的土壤，时间会让空想者痛苦，能够给创造者带来幸福。在所有的批评中，时间是最伟大、最正确、最天才的那一个。

▶ 人生就是在写文章

叔本华领悟：人生前40年写的是文章的正文，而后面的30年，则是不断地在正文的基础上添加注释。

▶ 寻找空闲的时候最忙

西塞罗时间名言：寻找空闲的时候，往往是最忙的时候。

▶ 时间会把所有的见闻都昭告天下

索福克勒斯定律：注意！想要隐瞒什么都是徒劳的，随着时间的流逝，见闻都会大白于天下。

▶ 每个时代都有错误

富勒时代循环忠告：每个时代都对旧的错误进行批判，但是却都会产生新的错误。

▶ 从黑夜偷时间是延长白天的最佳方法

狄更斯时间名言：想要延长白天的时间，最好的办法就是能从黑夜中偷用几个小时。

▶ 让时间变短和变长的方法

歌德忠告：什么能让时间变短？活动。什么能让时间充沛的人感到煎熬？安逸。

▶ 今天做不成的事，明天也不会做好

歌德劝诫：今天做不成的事情，明天也不会做好。一天也不能虚度，要下定决心将可能的事情一把抓住然后紧紧抱住，有决心就不让它逃跑，而且一定要贯彻执行。

▶ 丢掉时间最不幸

屠格涅夫箴言：没有一种不幸可以与丢掉时间相比。

▶ 时间能够让所有的东西都死亡

高尔基观察：时间能够治好所有的创伤，因为它能够让所有的东西都死亡，包括人们天天颂扬的爱与同情。

▶ "明天"是勤劳的敌人

苏霍姆林斯基箴言："明天"是勤劳最危险也是最强劲的敌人，很多时候勤劳都在它面前败下阵来。

▶ 时间在度过之后变得神圣起来

巴勒斯感悟：时间只有我们在度过了之后才会变得神圣起来。

▶ 过去的好时光永远是个神话

阿特金森时光定律：在每个时代中，"过去的好时光"永远只是一个神话。当时的人没有谁会认为那会成为一段好时光。

▶ 年轻时不能得到的东西

麦克凯利斯箴言：变老的最大好处，就是你年轻时候不能够得到的东西，现在不想要了。

▶ 青春一去不返

莎士比亚箴言：青春是一段美好而又短暂的梦，当你苏醒的时候，它早就已经一去不返了。

※ 推论

1. 没有人能感觉到青春正在悄悄逝去，但每个人都会感觉出青春已经逝去。
2. 找回青春的最佳方法就是重复做过去那些做过的蠢事。
3. 一小时之内发生的事情，或许在一个时代都不会发生。
4. 在现实生活中，消耗时间只是时间消耗我们各种各样的名称之一。

▶ 老年人给狂妄自大的年轻人的忠告

老年人给狂妄自大的年轻人的最好回答：你从来没有像我这样老过，我却像你那样年轻过。

※ 推论

    1. 老年就是你知道了更多的击球方法，但是却挥不动球杆了。

    2. 当你的蜡烛消费超过蛋糕的时候，你就应该明白自己已经老了。

▶ 人到中年的无奈

歌德定律：人到了中年依然想要实现青年时代的希望与心愿，其实不过是在不断地欺骗自己。

▶ 衰老无法避免

拉罗什富科衰老名言：几乎任何人到了中年之后，都能够感受到他们身体和精神上不可避免的衰退。

▶ 少年时期的放浪在 30 年后就能加上利息支付

科尔顿时间第一定律：少年时期的放荡不羁是晚年的汇票，大概在30年之后，就可以加上利息支付了。

▶ 传统不过是被遗忘的空壳子

彼得森法则：所谓传统，就是一些解决问题的方法，而这些问题早就已经被遗忘了。

▶ 青蛙与蝌蚪

朝鲜谚语：青蛙总是忘记自己从前是蝌蚪。

▶ 一旦成熟就会走下坡路

雷·卡洛克法则：如果还没有成熟，证明还有成长的空间；而一旦成熟了，接下来等待的只能是退步。

▶ 失败与"我没有时间"

富兰克林时间名言：成功与失败只有一线之隔，它们往往取决于一句话，那就是"我没有时间"。

▶ 年龄越大，脾气越小

年龄定律：年龄比过去大了，脾气却比过去小了很多。

▶ 只知道工作不懂休息的人十分危险

福特定律：只懂得工作而不知道休息的人，就像是一辆没有刹车的汽车，往往是十分危险的，结果通常都是以汽车报废告终。

▶ 挂历和女人

挂历定律：任何精美的挂历一旦过了12月31日就会马上变得一文不值，而所有漂亮的女人一旦过了30岁再找对象就难了。

▶ 工作节奏过快不利于人的内在听力

赫舍尔观察：工作节奏过快，会让人的内在听力变差。

▶ 戴两只手表的人不能肯定时间

手表定律：戴一只手表的人知道时间，而戴两只手表的人永远都不敢肯定时间。

▶ 计时间最具生产力的判断标准

知道自己需要做什么。

※ 推论

1. 不是必须做或者不是必须由自己做的事情，并不一定要亲自去做，可以委派给其他人，自己只负责监管。总是自己做反而会浪费时间。

2. 知道用最短的时间得到最高的回报。应该用80%的时间做能带来最高回报的事情，而用20%的时间做其他事情。所谓"最高回报"的事情，即是符合"目标要求"或自己会比别人干得更有效的事情。最高回报的地方，也就是最有生产力的地方。

3. 做能够给你带来最大满足感的事情。最高回报的事情，并非都能给自己最大的满足感，均衡才有和谐满足。因此，无论你地位如何，总需要分配时间在那些让你感到满意和快乐的事情上，工作才能有趣，时间利用率自然就高了。

▶ 根据事情的情况，分时间处理事情

科维时间四象限处理事情原则：按照时间管理四象限划分，处理事情的顺序应该是先是紧急又重要的，接着是重要但不紧急的，再到紧急但不重要的，最后才是既不重要也不紧急的。

▶ 在决策中，管理者浪费了大量时间

管理者浪费时间定律：我们每天都需要耗费大量的时间去修改或放弃昨天的行动或决策。而这些时间并不会产生成果，因此我们应该尽量减少为了修补错误而浪费属于今天或明天的时间。

▶ 用适宜的投资创造出时间

时间投资准则：在一些必要的工作上投入时间，反而可以赚取时间。

※ 推论

1. 将时间投资在工具上。拿最简单的记事本做例子，市面上有很多种设计科学的记事本，蕴含着许多时间管理的技巧。买这样的笔记本，相当于用很便宜的价格学习别人开发的新方法。

2. 在体力上投资。有健康的身体才能不受疾病干扰、健康长寿，这在很大程度上可以改变我们利用时间的效率。

3. 在变化上投资。即便现在的生活习惯对你来说相对稳定，你也要将这种相对稳定的节奏稍做改变。

4. 在知识方面投资。如果预先对如何管理自己的生活方式有所了解，就可以减弱我们对改变的抗拒程度。学习并有意识地将学到的知识应用到自己的生活习惯中去。

▶ 别迷信"必须抓紧早晨的时间"

早晨不佳定律：你肯定无数次地听到过以下建议——每天早起，这样你就能最大效率地处理好每天的工作。这条建议其实没有错，它本质上反映了一个现象——"早起、早睡精神好，利用好每天早晨效率高的时间可以事半功倍"。但并不是每个人都适合这样的方法，对一些人来说，早晨的时光并不是最高效的，不是他们的"巅峰时间"。

巅峰时间是指你工作效率最高的时间段，一旦找到你自己的"巅峰时间"，就应该充分利用好。将最重要的工作安排在这个时段进行（尤其是需要耗费大量脑力的工作），将其他次重要的工作移至其他时间段。

▶ 做好计划省时间

计划省事定律：不做计划的人，永远要比已经做好计划的人浪费的时间更多。

▶ 浪费时间的闲聊

减少电话骚扰定律：集中而有选择地处理来电，回复电话的时候应该针对要点简明扼要地指出，不要将时间花费在没完没了的闲聊上，因为闲聊不仅浪费时间，还会让对方忘记你打电话的目的。

▶ 及时说"不"

拒绝省时定律：不要将自己的时间运用到跟自己无关的承诺上。要学会婉言谢绝，过分承诺的"好好先生"并不一定受人赞赏。

第9章
→ 记忆诀窍墨菲学

为什么当你在一间房子里整理东西，而这时需要到另一个房间寻找东西，当你踏入这个房间的时候，你马上就会忘记自己要找的东西？为什么刚刚走出考场，你就会马上想起考试试题的正确答案？为什么你虽然费尽全力记住了对方的样貌，却总是记不住对方的名字……记忆力是人类与生俱来的天赋，不过如何运用好这个天赋，似乎还需要掌握一些技巧。不然的话，你将会被记忆捉弄，它会将你在大脑中储存的东西掏空，有时也会塞进错乱的记忆。今天，你的记忆程序出错了吗？

▶ 记忆是大自然给予人类对死亡的补偿

特里丰诺夫定律：记忆是大自然给予我们对于死亡的补偿；死神剥夺了一个人最宝贵的东西，记忆只好过来补偿他。

▶ 记忆会被吞入遗忘的深渊

茨威格格言：记忆是个奇特的东西，它既有好的一面也有坏的一面。它固执起来如同野马难驯，简单起来又显得真切可靠。它常常将重要的人物和事件全都放入遗忘的深渊之中，如果没有强迫就会隐藏不露，只有意志的呼唤才能将它从深渊中召唤出来。

▶ 记忆消失在两个房间之间

记忆消失定律：当你在一间房子里整理东西，而这时你需要到另一个房间寻找东西，但当你踏入这个房间的时候，你马上就会忘记自己要找的东西。

▶ 回头看可以减少忘记的概率

回头看定律：不管在什么时候都不要忘记"回头看"，如果能够在离开的时候注意多回头看上一眼，就会避免闹出很多尴尬，比如一周连续四次忘记将车停在哪里。

▶ 锻炼增强记忆力

哥伦比亚大学研究：总不运动的人，记忆力会一点点下降。大脑区域有一种神经细胞，这种细胞与防止记忆缺失有着紧密的联系，而运动能够促进这种细胞的生长。

▶ 冥想可以增强记忆力

索尼亚·鲁皮恩定律：注意力是记忆的大门。每天冥想至少10分钟，可以有效增强记忆力。

▶ 学习新语言可以增强记忆力

玛格·拉齐曼定律：新的语言学习虽然需要记忆力的帮忙，但是也可以增强记忆力。

▶ 睡觉增强记忆力

睡觉记忆法：睡个好觉可以让你精神抖擞，也可以更好地面对需要记忆支配身体的任何情境。

▶ 记忆是部私人文学

赫克斯科箴言：每个人的记忆都是属于自己的一部私人文学，只要回忆就能写出一部书，而且每个人都有自己的精彩之处。

▶ 没有记忆力就没有智慧

哈柏定律：记忆力并不是一种智慧，但是如果没有记忆力，也就没有智慧。

▶ 你的记忆力要去记哪些东西

爱因斯坦记忆名言：不要去记那些词典上已经印有的东西，你的记忆力是用来记忆书本上没有的东西的。

▶ 人们应该记忆方法

艾·拉斯克尔忠告：应该去记忆的不是结论，而是方法。方法是有弹性的，能够在任何的生活场合中使用，但是结论只能在某种特定环境下才有用。

▶ 出了考场就会想起正确答案

考试墨菲定律：刚刚走出考场，你就会马上想起考试试题的正确答案。

▶ 过去的哀伤拖累记忆

莎士比亚箴言：我们不要用过去的哀伤来拖累自己的记忆。

▶ 最想忘记的记得最清楚

蒙田定律：记忆中记得最清楚的事情，往往是一心想要忘记的事情。

※ 推论

不想忘记的事情总是眨眼就忘。

▶ 记忆是知识的管库人

锡德尼定律：记忆是唯一掌管着知识的管库人，想要获取知识必须要经过它的同意，不过它有时候会消失。

▶ 容易理解的东西容易记忆

斯宾诺莎谈记忆：越是容易理解的东西，越是容易存在于记忆之中；相反，越是难以理解的东西，也就越容易被人们忘记。

▶ 强者会选择遗忘，弱者会沉迷其中

巴尔扎克忠告：遗忘通常都是刚强的、有创造力的人的法宝，他们会像自然一样选择遗忘经验。而弱者不是将痛苦作为以后的教训，而是沉迷于痛苦中，每天回顾痛苦，折磨自己，并利用痛苦讨生活。

▶ 同样的纸牌会重复出现

佩尔曼式记忆纸牌训练：在玩纸牌游戏的时候，同样的纸牌总是会重复出现，赌徒总是迷失在同一张纸牌上。

▶ 听到一个新词后总会听到它

新词记忆定律：如果你在偶然间听到了一个新词，那么以后你总是会听到这个词。

▶ 你总是记住了面孔却记不住名字

面貌定律：你虽然费尽全力记住了对方的样貌，却总是记不住对方的名字。

▶ 读一页的时间越长，忽略的单词越多

看书时间定律：阅读一页的时间越长，看不到的单词数就越多。

▶ 睡着之前会想起 10 件重要事情

睡觉记忆定律：当你正要进入梦乡的时候，会马上想起10件需要牢记的重要事情。

▶ 不记仇恨最高贵

赛蒙兹忠告：有一种健忘是最高贵的，那就是不记仇恨。

▶ 只回忆过去最差劲

卡罗尔定律：最差劲的记忆就是只懂得回忆过去，不懂得记住现在。

▶ 通过锻炼注意力来锻炼记忆力

爱德华兹定律：锻炼自己的注意力是锻炼记忆力的最好方法之一。

▶ 记忆力差可以多次享受美好事物

尼采哲理格言：记忆力差的好处就是对一些十分美好的事物，每次都好像初次遇到一般，可以享受多次。

▶ 没有人会记住自己不感兴趣的事情

记忆定律：几乎没有人会记住自己不感兴趣的事情，因此想要让他记住，必须要引起他的兴趣。

▶ 被污染的记忆是毒药

勃朗特定律：被污染的记忆永远是一种毒药，不知道什么时候就中毒了。

▶ 时间是记忆的主要破坏者

亚里士多德哲学：时间是记忆最主要的破坏者，有时甚至会让记忆彻底消失。

▶ 思考想记住的东西

阿奎纳定律：经常思考我们想要记住的东西，那么我们就会自然而然地记住它。

▶ 记忆筛去垃圾

巴乌斯托夫斯基箴言：记忆如同一面神话中的筛子，将垃圾筛去，将金沙保留下来。

▶ 采摘记忆果实时可能损伤它美丽的表皮

康拉德箴言：在采摘记忆的果实时，每个人都要冒着损伤它美丽表皮的风险。

▶ 原谅容易忘记难

普拉顿谅解名言：原谅是容易的，但是忘记却十分困难。

▶ 一个星期内可以预备的知识

林语堂忠告：一个星期之内能够预备的一点知识，一个星期之内一定会被忘记。

▶ 想要抓住的回忆

茨威格定律：越是想要努力抓住的回忆，它就越会狡猾地溜走；就像在我们的脑海最深处若隐若现地游走着一个闪光的水团，不过人们都无法将它捞起和抓住一样。

▶ 有一连串回忆会自己显示出来

狄更斯记忆名言：在感觉最不敏感或者最为幼稚的心灵上，也有一连串的回忆，它们的发现，不是靠什么艺术的引导，也不是靠什么技术的协助，常常是与最大的真理一样，会自己显示出来，非常偶然，谁也不会去刻意寻找它。

▶ 学习知识和记忆

世界记忆锦标赛发起者托尼·布赞忠告：在学校里我们花费数千个小时学习数学、语言与文学、地理与历史，然而我们不曾问过自己，我们花了多长时间记忆，又是怎么进行的，学习应该怎么学习，脑子是怎么运转的，学习思想性是如何影响我们的身体的？

▶ 人们常常会想起完全不同的事物

哈利·洛拉尼声明：人们常常会想起一些完全不同的事物，例如"can't elope"（无法私奔）和"cantaloupe"（甜瓜），回忆起某个发音类似的词语或短语。

▶ 拼命装记忆反而会漏得一点不剩

古罗马谚语：记忆就像是钱包，拼命装反而会漏得一点不剩。

▶ 记忆是一切事物的宝藏与卫士

西塞罗定律：记忆是一切事物的宝藏与卫士，例如，你记不起文字的发音与意思，就不可能读这句话。

▶ 很少有人测试自己的记忆

记忆错误定律：很少有人会马上测试自己的记忆，也正是因为这样，很多人都错误地认为自己的记忆力潜能与习惯在一定程度上受到了限制。

▶ 记忆消失在嘴边

记忆错觉：记忆消失在嘴边。"就在嘴边上了！"有多少次，人们都这样说过，但是又不得不承认"就是想不起来了"。

▶ 想要记住一件事，要做一个有心人

弗洛伊德记忆忠告：想要记住一件事情，一定要做一个有心人。再简单的数字，如果你没有在意，也会变得复杂起来；相反，再复杂的事物，只要有意识地去记忆，就一定能够记得住。有意识的记忆能够让记忆的时间保持得更久一些，初次见面的人及其服饰、电话本上查到的电话号码等，通常来说人们很少会有意识地去记忆，因此就算当时记住了，过不了多久也会忘掉。

▶ 记不住只是一个欺骗自己的借口

记忆无差别定律："记不住"只是一个欺骗自己的借口，相信自己，只要有信心，就能够记住一切。

▶ 记忆的关键在于兴趣

记忆兴趣定律：对数字感到厌烦的人，如果喜欢打桥牌，将会很快学会算数。对人名丝毫提不起兴趣的人，常常能够很快记住明星的名字。而很多学生讨厌记法语单词，但是却可以流利地唱出法国流行歌曲，所以记忆的关键还是在于兴趣。

▶ 不能摆脱的曲调

魔音定律：大脑中不能摆脱的曲调，正是你不应该陷入其中的曲调。

▶ 人的记忆在睡眠之后与在清醒状态的不同表现

奥莫尔实验发现：人的记忆在平均7小时的睡眠之后依然会保持不变；但是在清醒的状态之下，同样的时间之后会下降近一半。

▶ 知识渊博的人一定有良好的记忆力

知识与记忆力：知识渊博的人一定有良好的记忆力，不然再多的知识到最后都只能化为乌有。

▶ 电话号码的纠结

电话记忆定律：大多情况下，人们不会站在电话本前打电话。但是要查找忘记的电话号码，常常会使用电话本，很多人都会错误地认为电话号码本上一定有电话，因此觉得没有必要记住电话号码。但是实际上，电话局每时每刻都有人在值班，以应付那些忘记电话号码的人。而常常记电话号码的人，并不一定能够记住那个人的名字，反之也是如此。

▶ 重复是最好的记忆方法

重复记忆定律：不断重复是最好的记忆方法，好的东西就是反复镌刻在记忆碑上的东西。

▶ 记忆力不是才能也不是天生的

高木重朗记忆第一定律：记忆力并不是什么才能，也不是天生的，只是经过努力才能获得的方法。

▶ 想要记住什么就一定要做出某些牺牲

高木重朗记忆第二定律：想要记住什么就必须要做出某些牺牲，这种牺牲有的时候是时间，有的时候是金钱，有的时候则是交友。

▶ 适当地休息可以帮助你储存信息

保坂荣之介定律：在记忆这项艰苦劳动中，留一段时间休息好比是记忆的润滑油，可以帮助你储存信息。

▶ 处理完的事情和没处理完的事情

蔡格尼克记忆效应：人们对没有处理完的事情的印象，往往比已经处理完的事情更加深刻。

▶ 回忆的最佳环境就是记忆发生时的地点

回忆地点定律：很多时候，人们回忆不起来的事情，只要回到原来这件事情发生的地点，那些遗忘的事情就会汹涌澎湃地涌现出来。比如你走出家门，正准备去做某件事情，但是在途中却碰到了熟人，聊了几句，说过"再见"之后，你就忘了自己要做什么事情了，这时如果你怎么想也想不起来，不如先回家。

▶ 记忆也分场合

记忆的场合依存性：环境对记忆存在着影响，同样的一份资料，在陌生的环境下和熟悉的环境下进行测验，在熟悉环境下表现的结果要好过在陌生环境下表现的结果。

▶ 学习到什么程度效果最佳

牢固记忆法则：人们在背诵或者记忆某种学习材料的时候，常常背到刚刚可以回忆出来为止，认为自己差不多已经记住了，其实，用不了多长时间，就会将很多内容再次忘记。既然遗忘是不可避免的，那么学习之后就需要不断复习。至于复习到什么程度不会忘记，心理学家发现，你在学习材料的时候，在记住之后再继续学习几遍就不容易忘记了。通常来讲，如果你学习了10遍才记住材料的话，那么再学习5遍就可以了。也就是说，学习的程度达到150%时效果最佳。

▶ 怎样记住新东西

记忆的自我参照效应：我们在学习新东西的时候，经常会将这些东西与自己联系在一起。如果学到的东西与自己有着密切的关系，学习起来就会有动力，也不容易被忘记。当人们回忆与自己有关的事情时，最不容易遗忘。比如医学院的学生在跟着老师学习的时候，每当老师介绍一种病症，学生总会难以避免地想想自己身上是否出现过类似的症状，如果很不巧有几点是符合的，他们就会开始惊慌，怀疑自己是否患上了这种病，其实自己一点都没事。

▶ 与特殊事件产生联系的记忆不会随着时间消逝

闪光灯记忆：人们都知道有些东西长时间不用，遗忘是难以避免的。但是有些事情，人们一辈子都不会忘记。这些事情发生的时候你在做什么，你能够记得一清二楚，甚至当时你的情感，现在回想起来都能感受到，这些记忆就像是永久定格的照片一样，长久鲜活地存在于人们的脑海里。通常来讲，这些记忆都与特殊事件联系在一起，比如对国家或者家庭有着巨大影响的事件。

▶ 人们常常会记得将来要发生的事情

前瞻性记忆：在现实生活中，人们常常会记得将来要发生的事情。比如在什么时间要给谁打电话、几点必须吃药、几点开会、几点考试等。

▶ 马上将要做的事情，很容易忘记

前瞻性记忆法则：

1.前瞻性记忆好的人，回忆性记忆不一定好；回忆性记忆好的人，前瞻性记忆不一定好。

2.对于前瞻性记忆而言，并不是离现在越远的事情越容易忘记。事实上，反而是那些马上就需要做的事情更容易被人们忘记。不过这常常发生在人们聚精会神或者心不在焉的情况下，有时候也出现在经常做的事情上面。

▶ 延迟回忆比识记之后马上回忆，内容更加完整

记忆力恢复现象：在学习某种材料之后，延迟回忆要比识记之后马上回忆，回忆的内容更加完整。通常来讲，记忆的内容会随着时间的推移而逐渐忘记，但是有时候刚刚学完无法回忆起的东西，经过一段时间之后就会在记忆中再现出来。

▶ 下午茶可以增强记忆力

下午茶记忆效应：实验证明，下午茶可以增强人的记忆力与应变能力，喝下午茶的人在记忆力与应变能力上，要比其他人高出15%~20%。

▶ 人们在写字的瞬间

书写遗忘症：当人们准备写某些字的时候，却会瞬间忘记这个字应该怎么写。

▶ 看见人脸就发慌，经常忘记那个人是谁

脸盲定律：对人脸的记忆能力很差的人，经常会忘记这个人是谁。

▶ 记忆力有别

男女记忆差别定律：记忆力衰退也是男女有别，男性比女性更容易出现记忆障碍或者痴呆症前兆。

▶ 疾病可能会损害你的记忆

顺行性遗忘定律：很多人不能回忆疾病发生后一段时间内所经历的事情，这种人学习记忆新知识的能力开始下降，无法保留新的信息，对自己刚刚说过的话、刚刚经历过的事情会立刻忘记，不能学习任何新鲜的事物。

▶ 对所有事情都会过目不忘，也是病

过目不忘障碍定律：有些人能够过目不忘，突然之间将平时不能回忆起的往

事细节都回忆了起来，而且对细小的过错也会记忆犹新，这也是一种记忆障碍。

▶ 回忆时出现了错误或者混淆

记忆错构定律：人们在回忆亲身经历的事件的时候，特别是对时间的记忆，容易出现错误或者混淆，例如将某段时间内发生的事情回忆成了在另外一段时间内发生的事情。

▶ 安上别人的经历与见闻

潜隐记忆障碍定律：有些人会将别人的经历以及自己的所见所闻回忆成自己的亲身经历。

▶ 大脑的信息储藏量

大脑记忆超能定律：人的一生中，大脑能够储藏的信息数量是全世界所有印刷品总量的5倍，或者说是美国国会图书馆所有藏书量的5万倍，所以不要以为互联网有多了不起。

▶ 记忆的厉害之处

记忆身体定律：记忆是身体的自然部分，它很厉害，只要被一个念头一碰，大约只有你两个拳头大小的空间内马上就能够聚集数百万个信息。

▶ 启动的感官越多，越能提高自然记忆能力

记忆增强定律：如果一件事情启动的感官越多，大脑启动的部分就会随之增加，从而起到提高自然记忆能力的效果。

▶ 重复是增强记忆的方法

记忆物极必反定律：重复毫无疑问是增强记忆的重要工具，但是物极必反，有时候重复太多，反而会阻碍记忆。

▶ 在记忆一张清单或者一堆人名时，第二遍要倒过来背

记忆小窍门：如果要记忆一张清单或者一堆人名，第二遍要记得倒过来背。因为开头的部分人们都会记得比较多，所以从清单的后面开始，倒着往前背，有助于将最容易被遗忘的中间信息在消失之前及时记住。

▶ 给记忆留段时间消化

　　掌握记忆法则：给记忆留段时间消化，可以将重复的苦差事降到最低，一遍又一遍地阅读材料浪费了大量的时间、精力与劳力。为了让记忆成长，必须要给信息足够的时间孵化，就像农夫将种子种在地里不会马上去看它有没有发芽，聪明的农夫知道作物的生长周期，会在一定时间内回来，记忆也是如此。

▶ 长期记忆有着丰富的资源与储存空间

　　长期记忆定律：长期记忆就像是一片大陆，拥有丰富的资源以及无穷尽的储存空间，长期记忆并不像工作记忆的小岛，它的面积永远都不会缩小。

▶ 越是想要忘记，就记得越清楚

　　忘记定律：你越是想要忘记一些事情的时候，你记得就越是清楚。

第 10 章

→ 求知与治学墨菲学

知识能够给人们带来重量，而成就则可以给人们带来光泽。但是大多数人只看到了光泽却掂不出重量。很多人都不知道，知识大多是从让印刷商赔钱的书籍中获得的。每一个研究人类灾难历史的人都明白一个道理：世界上大部分的不幸都来自于无知。不好的书会告诉你错误的概念，让无知的人变得更加无知……人们生来就是一张白纸，人们总是觉得在白纸上填上什么东西至关重要，却有人忘了白纸的材质也十分重要。一张材质好的白纸，人们自然不愿意在上面乱涂乱画；而一张材质糟糕的白纸，抱歉，可能是练手的牺牲品。求知与治学没有公平而言，不然怎么会有天才和傻瓜的差别呢？

▶ 知识与教师

山本宣治定律：如果知识是一种商品的话，那么教师应该是这件商品的经纪人。

▶ 知道的知识要好

狄德罗定律：宁可知道的东西少一些，也要知道得好一些；如果知道得不好，那么还不如完全不知道。

▶ 假知识比无知更加危险

假知识定律：应该警惕一切假知识，它比无知更加危险。

▶ 没有知识的王公贵族

塞万提斯定律：就算是王公贵族，如果没有知识，也只能被称为凡夫俗子。

▶ 我们不知道的东西无穷

拉普拉斯定律：我们知道的东西是有限的，不知道的东西则是无穷的。

▶ 知识给人重量，成就给人光泽

查斯特菲尔德定律：知识能够给人们带来重量，而成就则可以给人们带来光泽。但是大多数人只看到了光泽却掂不出重量。

▶ 一个人的知识与能力是相等的

培根知识名言：人有多少知识，就拥有多少力量，一个人的知识与他的能力是相等的。

▶ 没有知识会感受到痛苦

杜威求知名言：如果没有那个年龄应该有的知识，那么就一定会感受到那个年龄应该感受到的痛苦。

▶ 知识的来源

知识定律：知识大多是从让印刷商赔钱的书籍中获得的。

▶ 知识不能转化为智慧的后果

读书阶梯定律：如果不能将所学的知识转化为智慧，那么所攀登的阶梯也只能是纸糊的。

▶ 人们如何在寻找资料时获得知识

富兰克林谈知识的获取：知识大部分都是这样获得的，即在寻找某个资料的时候意外地发现了另外一个资料。

▶ 对知识投资，收益最佳

富兰克林谈知识投资：人们所追求的知识，没有人能够夺走它；因此收益最佳的投资，就是对知识投资。

▶ 两种知识

知识定律：知识可以分为两种，一种是我们自己精通的问题，另一种则是我们知道在哪里找到关于某个问题的知识。

▶ 无知的人不自由

黑格尔观察：无知的人是不自由的，因为他的对立面是一个陌生的世界。

▶ 无知的人问的问题

歌德讽刺：无知的人常常会提出智者在1000年前就已经回答过的问题。

▶ 先天的才能也无力

赛宾斯定律：如果没有系统的知识的帮助，先天的才能到最后也是无力的。直观或许可以解决很多事情，但是却不是一切。天才与科学结合之后才能取得最大的成功。

▶ 不科学的知识就像医生

叔本华知识名言：不科学的知识就像是一个医生，虽然他知道生了什么病要用什么药，但是却不明白两者之间的关系。

▶ 无知造成了世界上大部分的不幸

爱尔维修定律：每一个研究人类灾难历史的人都明白一个道理：世界上大部分的不幸都来自于无知。

▶ 无知的人比有知识的人更自信

达尔文评论：无知的人要比有知识的人更加自信。因为无知的人才能自信地断言"科学永远不能解决所有问题"。

▶ 对某种技艺缺乏知识不能做出正确的判断

柏拉图定律：如果一个人对于某种技艺缺乏知识，那么他对于这项技艺的语言和作为，就不能做出正确的判断。

▶ 将追求知识的口号喊得最响的人最不努力

爱因斯坦忠告：对真理与知识的追求，并愿意为之奋斗，是人的最高品质之一，但是将这个口号喊得最响亮的人往往是那些最不愿意付出努力的人。

▶ 罗明格教师规则

1.如果你的学生问你有没有看过他的读书报告两次以上，那么他肯定没有真正去读过这本书。

2.如果上课的时候点名，考试的时候就会有人缺席；如果上课的时候不点名，那么在考试的时候你就会看到你没有见过的学生。

▶ 大学逃课的频率与老师的善良程度成反比

大学生逃课定律：选修课必逃，必修课选逃；逃课的频率与恶劣程度和老师的善良程度成反比，越善良的老师逃课的学生越多。

▶ 大学培养一切能力

契诃夫染缸定律：大学可以培养人的一切能力，其中包括愚蠢。

▶ 学院会让钻石失去光泽

英格蒙尔讽刺：在学院这种地方，石块可以磨光，但是钻石却会失去光泽。

▶ 数学定理与现实有关

爱因斯坦观察：因为数学定理与现实有关，所以它们通常是不确定的；因为一旦确定下来了，它们也就脱离现实了。

▶ 数学只需要习惯

冯·诺依曼的观察：在数学中，你不需要去了解什么，只需要习惯它们就可以了。

▶ 认识特殊事物

马斯洛定理：一个人想要认识特殊事物就必须学会充分地体验它，而且必须亲身体验它，除了这个方法之外，没有别的方法。

▶ 学而不能致用的人就是一匹背着书的马

富兰克林学习名言：学而不能致用的人就是一匹背着书的马。蠢驴永远不知道自己背上背的是一堆书而不是一捆柴。

▶ 小学、中学、大学的教学内容只是一种手段

爱默生教育理念：在小学、中学、大学的教学内容都不属于教育，

而只是教育的一种手段。

▶ 有威望的老师会在学生身上留下痕迹

加里宁观察：如果教师很有威望，那么这个教师的影响一定会在某些学生身上留下永恒的痕迹。

▶ 学生把老师当范本，将无法超越老师

别林斯基求知定律：如果学生只把老师当成是一个范本，而不是对手，那么就永远不可能超越老师。

▶ 学习汉语将拥有几十年的机会与财富

巴黎街头广告：学习汉语，那就意味着你将拥有未来几十年的机会与财富。

▶ 大学能够将失业推迟四年

大学的用途：大学有许许多多用途，其中之一就是它能够将失业推迟四年的时间。

▶ 雄鹰向乌鸦学习是浪费时间

学习名言：对于雄鹰来说，向乌鸦学习可以说是一件最浪费时间的事情。

▶ 第一个在大学任教的人没上过大学

罗蒙诺索夫定律：第一个在大学任教的人，一定没有上过大学。

▶ 没有知识的正直与没有正直的知识

约翰生定律：没有知识的正直是软弱无能的，没有正直的知识是危险而且可怕的。

▶ 求知的目的

求知欲可以分为两种：一种是出于利益，也就是学会可能对我们有用的东西；另一种则是出于骄傲，也就是想要知道其他人不知道的东西。

▶ 粗浅的无知与博学的无知

蒙田定律：无知主要有两种类型，粗浅的无知出现在知识之前，而博学的无知则跟随在知识之后。

▶ 不好的书告诉你错误的概念

别林斯基箴言：不好的书会告诉你错误的概念，让无知的人变得更加无知。

▶ 用别人的头脑来取代自己的头脑

叔本华揭露读书本质：读书意味着利用别人的头脑来取代自己的头脑。

▶ 学习踏空一步，就可能导致完全泄气

华罗庚的学习之道：学习一定要踏实，不能踏空一步。踏空一步一定需要付出重补的代价；踏空多步，就会补不过来，这样人就上不去，从而完全泄气。

▶ 做笔记的原因

笔记的作用：做笔记一方面是要把重要的内容记下来；另一方面是因为要写下不同意书中的看法，写出自己的看法，表达自己的观点。

▶ 实验的结果离理论书越远，离诺贝尔奖越近

居里定律：实验的结果如果离理论书中说的越远，就越有可能拿诺贝尔奖。

▶ 教育是一个民族最伟大的生存原则

巴尔扎克眼中的教育：教育是一个民族最伟大的生存原则，是唯一一种能够把社会的邪恶数量减少，将善良增加的手段。

▶ 文学退步证明一个国家正在衰落

歌德观察：文学如果退步了，就证明一个国家正在衰落，这两者在走下坡路的时候是并驾齐驱的。

▶ 伟大的书能够让读者变得更加优秀

读书定律：一本伟大的书，一定能够让很多读者在读过之后变成更加优秀的人。

▶ 知识不存在，愚昧当科学

萧伯纳求知名言：在知识不存在的地方，愚昧就会自认为是科学。

▶ 不知道自己在做什么的时候一定是在搞研究

冯·布劳恩信条：当我们不知道自己在做什么的时候，那就一定在搞研究。

▶ 在实验室花时间与在图书馆花时间

韦斯特海默发现：在实验室花上几个月的时间，常常还不如在图书馆中花上几个小时。

▶ 实验行不通怀疑实验，行得通怀疑理论

兰德辅助定理：实验如果行不通，就怀疑实验；实验如果行得通，就怀疑理论。

▶ 差老师送真理，好老师引导孩子发现真理

第斯多惠定律：一个差的老师会奉送真理，而一个好的老师则会引导孩子主动去发现真理。

▶ 求学者要让先学的能力为后学的能力清扫道路

夸美纽斯教育名言：一切功课都可以分为不同的阶段，求学者一定要让先学

的能力为后学的能力清扫道路，给予解释。

▶ 知识不应该由书上的权威给予

夸美纽斯教育名言：所有的知识都不应该由书上的权威给予，而应该实际表现给感官与心智，得到它们的认可。

▶ 把复杂的难事变简单可以充当人师

爱默生观察：谁能把复杂的难事变得简单容易，谁就可以充当人师。

▶ 将学校与生活联系在一起

杜威定律：只要将学校与生活联系在一起，那么所有的学科都一定能互相联系起来。

▶ 求知有起点，没终点

福柯忠告：求知是一条只有起点没有终点的漫长的路。

▶ 断章取义是学习的蛀虫与腐蚀剂

培根学习名言：断章取义是学习的蛀虫与腐蚀剂，断章取义地学习还不如不学习。

▶ 越学习越发现自己的不足

雪莱训诫：我们越是学习就越能发现自己的不足之处。

▶ 奇妙的学习能够给人增加快乐

罗素观察：奇妙的学习可以让不愉快的事情减轻不愉快的程度，也能够让愉快的事情变得更加愉快。

▶ 接受所有的批判，所有的研究道路将被堵塞

阿伯拉德忠告：要有充分的自由进行批判，却没有不加怀疑地接受的义务，不然所有的研究道路都将被堵塞。

▶ 已知的东西是学习的最大障碍

贝尔纳箴言：构成我们学习的最大障碍是已知的东西，而不是未知的东西。

▶ 常识被公平分配

笛卡尔观察：世界之大，能够获得最公平分配的是常识。

▶ 不学无术的人不会提供任何帮助

马克思观察：不学无术的人在任何时候对任何人，都不会有帮助，也不会带来任何利益。

▶ 从自己所犯的错误中学习来得最快

恩格斯忠告：不管是从哪方面开始学习都不如从自己所犯的错误造成的后果中学习来得快。

▶ 想攀登学问顶峰，先要学习它的 ABC

巴甫洛夫学习第一定律：想要攀登学问的顶峰，首先要学习它的ABC。

▶ 想一下子全知道，将什么都不知道

巴甫洛夫学习第二定律：想要一下子全都知道，就意味着将会什么都不知道。

▶ 不学无术的人想象力有翅膀，但却没脚

富兰克林定律：不学无术的人想象力虽然也有翅膀，但是却没有脚。

▶ 学而无术的人与不学无术的人相比

富兰克林忠告：学而无术的人要比不学无术的人更加愚蠢。

▶ 不去学习，做不成任何事

马克·吐温观察：如果你不去学习，那么你将做不成任何事情，只能找别人

帮你做。最后也只能把成功的机会让给别人。

▶ 学者如果不能择善而行

萨迪定律：如果学者不能够选择善道而行，就像是盲人拿着火炬，他虽然能够引导别人，却无法引导自己。

▶ 实践检验知识的真伪

培根定律：实践可以检验、修正知识本身的真伪。

▶ 学生如果不会创造，那么将在模仿与抄袭中度过一生

托尔斯泰训诫：学生在学校的学习结果如果是让自己什么都不会创造，那么他的一生必然只能在模仿与抄袭中度过。

▶ 错误百出的书可能是本有趣的书

哥尔斯密定律：一本错误百出的书可能是一本有趣的书，而一本一点儿错误都没有的书将会是一本十分乏味的书。

▶ 不读书的人，思想停止

卢梭忠告：如果不读书的话，思想将会终止。

▶ 很多学者就像是银行的出纳员

贝尔纳定律：很多学者就像是银行的出纳员，即便掌握了很多金钱的钥匙，但是这些钱却都不是他自己的。

▶ 游手好闲地学习与学习游手好闲

游手好闲定律：游手好闲地学习并不比学习游手好闲强。

▶ 亚里士多德训诫

1.教育是顺境中的装饰品，在逆境中则是避难所。
2.教育的根须是苦的，但是结出来的果实却是甜的。

▶ 人是教育的结果

康德忠告：人只有靠教育才能真正成人，也就是说人是教育得到的结果。

▶ 不好的书籍，就像是布满污垢的窗户

苏霍姆林斯基箴言：书籍不好，就像是一扇满布污垢的窗户，透过这扇窗户，什么都看不清楚。

▶ 办好教育要看教师

永井道雄谈教育：办好教育的关键，第一要看教师，第二还是要看教师。

▶ 教育如医学

苏霍姆林斯基定律：教育如同一门精确的医学，它能够医治并完全治愈脓疮，但是却一直不承认挖出是一个好方法。

▶ 教育是为了让人们天使的一面能够击败禽兽的一面

巴禾乌拉定律：人类都有禽兽的一面与天使的一面，教育者的目的就是锻炼一个人的灵魂，让天使的一面能够击败禽兽的一面。

▶ 教育创造了第二本性

普罗塔哥拉名言：本性与教育在某些方面是相似的，教育可以改变一个人，如此一来它就创造了一种第二本性。

▶ 人之所以千差万别是教育的缘故

洛克忠告：我们平时所看到的人中，他们之所以有好有坏，或有用或无用，90%是由他们所接受的教育所决定的。人们之所以千差万别，就是教育的缘故。

▶ 无师自通或者自学成才的人很少

琼森定律：世界上无师自通的或者自学成才的人毕竟还是少数，因为只靠自学的人在掌握知识的过程之中，力气常常没有办法用在点子上。

▶ 所有教育都比不上灾难教育

迪斯雷利箴言：所有的教育都比不上灾难教育。

▶ 教课从具体开始，以抽象结束

斯宾塞忠告：教课应该从具体开始，而以抽象结束。

▶ 教育不是为了制造机器

罗素忠告：教育不是为了制造机器，而是为了创造真正有思想与智慧的人。

▶ 面包之后，教育很重要

卢梭箴言：有了面包，教育是对民众最重要的东西。

▶ 书籍会让顽固不化的人变得疯疯癫癫

彼特拉克定律：书籍可以让一些人博学多才，但也会让一些顽固不化的人变得疯疯癫癫。

▶ 教育主要是为了引导人的意志力

茹贝尔定律：教育不只是用来装点记忆力与启发理解力，它的主要职责是引导人的意志力。

▶ 教育上的错误不可轻犯

洛克教育法则：教育上的错误比其他错误更加严重，不可轻犯。教育上的错误就像是配错了药一样，第一次弄错了，绝对不能借着第二次、第三次去补救，这些错误的影响可能是终身都无法洗刷掉的。

▶ 受过不良教育的孩子不及没有受过任何教育的孩子聪明

卢梭教育名言：一个受到了不良教育的孩子，远远不及没有受过任何教育的孩子聪明。

▶ 多给教育拨一美元，将来少给监狱拨一美元

美国政府谈教育：如果多给教育拨一美元，那么就相当于将来少给监狱拨一美元。

▶ 关掉电视，阅读伟大的著作将开启智慧之门

电视与阅读：开启智慧之门的方法——关掉电视，阅读伟大的著作。

▶ 阅读意味着借债

利希滕贝格读书定律：阅读就意味着借债，在阅读中有所见解就是在偿还欠债。

▶ 不读书的人会变得浅薄，并被社会所抛弃

池田大作定律：不读书的人不仅会变得浅薄，而且将会被社会前进的步伐所抛弃。

▶ 每个人都会从书中研究自己

罗兰观察：谁都不会死读一本书，每个人都会从书中研究自己，不是发展自己就是控制自己。

▶ 书籍可以让不会读书和读死书的人闭嘴

乌申斯基定律：书籍不仅可以让那些不会读书的人哑口无言，而且可以让那些机械读完了书不会从死字母中吸取思想的人哑口无言。

▶ 书的结局

出版商的感叹：印好的书有一半没有卖出去，销售出的书有一半没有人看，而看了的书有一半没有理解，理解的书有一半都理解错了。

▶ 让人读进去是一本书最重要的要素

特罗洛普名言：对于一本书来说，最重要的一个要素就是让人读进去。

▶ 读好书的条件是不读坏书

叔本华读书名言：读好书的条件就是不读坏书，因为生命是短暂的，而时间与精力又是有限的。阅读一本不适合自己的书，比不阅读还要坏。我们必须要学会一种本事，就是能够选择最有价值、最适合自己需要的读物。

▶ 读书需要遵循的三个规则

爱默生读书箴言：读书应该遵循的三个规则：一是不读出版不到一年的书；二是不读没有名气的书；三是不读自己不喜欢的书。

▶ 藏书室与药瓶标签

都德定律：在很多人的藏书室里，都可以贴上药瓶上常见的标签：外用。

▶ 只读书不思考的人

诺里斯定律：只读书不思考，也许可以让平庸的人变得知识丰富，但是它们绝对不会让这些人的头脑变得清醒。

▶ 经验丰富的人读书

歌德读书忠告：经验丰富的人在读书的时候通常用两只眼睛，一只盯着纸面上的话，另一只则盯着纸的背面。

▶ 当你偷看前面人的试卷时，后面的人一定在偷看你的试卷

递推定律：当你偷看前面人的考试试卷时，后面的人一定也在想方设法地偷看你的试卷。

▶ 课外阅读可以是帆也可以是风

苏霍姆林斯基谈课外阅读：课外阅读，用形象的话来讲，既是思考的大船借以航行的帆，也可以说是吹动风帆前进的风。

▶ 当你在图书馆想借书的时候，书总是被借走了

图书馆墨菲定律：当你到图书馆借书或者阅读的时候，明明检索电脑上显示着书在架子上，但是它已经被借走了。

※ 推论

1. 当你没去图书馆的时候，书总是待在那里。

2. 当你已经在图书馆的时候，书也在架子上，但是你却检索不出它的具体位置。

▶ 你收到的读者来信，指出了排版错误

社论第一定律：非常骄傲地发表了一篇精彩文章并期待得到读者的热烈反应时，你将只收到一封来信，信中告知本报第四版右下角有个排版错误。

▶ 没有人会还书

法朗士定律：绝对不能把书借给其他人，因为没人会想着还书。

▶ 你偷看来的答案往往是错的

考试墨菲定律：你常常相信偷看来的答案是正确的，可是常常你自己的答案才是正确的。

▶ 在考场上捡橡皮总会产生做贼心虚的感觉

橡皮定律：在考试中，当自己捡掉在地上的橡皮时，总会产生一种做贼心虚的感觉。

▶ 抄答案时不能抬头

不抬头定律：抄别人答案的时候，千万不能抬头。一抬头，老师就来了。

▶ 考前的时间与考试中的时间

时间换算定律：考试之前，一秒等于十分钟；考试的时候，十分钟等于一秒。

▶ 你会在最难的一门考试中与班花坐在一起

期末考试第二定律：当你在考最难的一门课程时，你恰好会与班花坐在一起。

▶ 被抓住作弊的学生与抓住作弊者的老师

作弊者与监考老师定律：每个被抓住作弊的学生都在极力辩解自己是清白的，每个抓住作弊者的老师都在证明自己的判断是正确的。

▶ 自己抄答案和别人抄答案

矛盾定律：你在抄他人答案的时候，你总是想要老师看不到你；当别人抄答案的时候，你总是盼望着老师能够看到他。

▶ 考场气氛只有在老师离开时才能活跃

考场气氛定律：考场上的气氛永远都活跃不起来，除非老师突然离开一会儿。

▶ 考试结束铃响时候的意义

时间价值定律：你只有在考试结束铃响的那一刻才知道时间是多么宝贵。

▶ 当试卷上出现附加题时，不同的人有不同定义

附加题鸡形定律：对于考卷上的附加题，老师将它当成是鸡肋骨，好学生把它当鸡大脯，而差学生则把它当成是鸡屁股。

▶ 你壮着胆子作弊，只为一个一分的题，还被发现了

考场倒霉定律：仅为一道分值为一分的题，你壮着胆子作弊了，结果还是被发现了。就如同你弯腰去捡一毛钱，却掉了十块钱。

▶ 抄你答案的人得了 60 分，你却只得了 59 分

不公平定律：抄你答案的那个人，把你的答案一字不漏地抄了一遍，得了60分，而你却得了59分。

▶ 不要让你的专业导师知道你的存在

麦雷迪斯研究所生存定律：不要让你的专业导师知道有你这么个人，否则你就倒霉了。

▶ 没人在听讲，除非你讲错

法埃尔讲课定律：在你讲错知识之前，没有一个学生在听讲。

▶ 课程安排定律

1.你想要选修的课程如果有N个座位，那么你一定是第N+1个申请者。

2.课程安排将让每个学生在课程之间浪费最多的时间。

3.如果偶尔能够连续安排两节课，那么上这两节课的教室一定分别位于校园的两端。

4.必修课的预备课程在这门课的下学期才会有。

第 11 章

→ 管理墨菲学

　　如果我们雇用的员工能力比自己差，那么他们只会做出比自己更差的事情。一旦公司中有敢于在公司对工作发牢骚的人，那么这家公司或者老板一定比那些没有这种人或者有这种人但只能把牢骚闷在肚子里的公司或者老板成功得多。在面对诸多批评的时候，下级常常只记住了开头的一些，其余都过滤掉了，因为他们正在忙着思考列举什么样的证据来反驳开头的批评……很多人都认为管理是一门精深的学问，其实管理也很有趣，比如你不记得手下员工的名字，这说明你的公司太大了。管理不是一些晦涩难懂的知识，只要你愿意，管理可以很有趣。

▶ 一直成功的企业注重人才的培养

大荣原则：成功的企业不一定会注重人才的培养，但是一直成功的企业一定注重人才培养。

▶ 企业形象体现在每位员工身上

光环效应：一个企业的形象不仅体现在产品、广告以及办公环境上，更体现在每位员工的身上。

▶ 公司太大，很难照顾周全

艾奇布恩定理：如果你遇到了自己手下的员工而不认识，或是将他的名字忘记了，说明你的公司太大了。

▶ 公司本身的能力是对人才最大的吸引力

酒井法则：在招聘的时候用尽浑身解数，使出各种方法，不如让自己本身变成一个好公司，这样人才自然就会被吸引过来。

▶ 雇用能力差的人只会让公司更差

奥格尔维法则：如果我们雇用的员工能力比自己差，那么他们只会做出比自己更差的事情。

▶ 成功的公司不会随波逐流

罗杰斯论断：成功的公司不会等待让外界的影响来决定自己的命运，而是一直往前看。

▶ 好的企业制度促进企业高速运转

杰拉德法则：健全的企业制度是公司最坚固的防护网，可以促进公司高效运转；但是如果制度定得太死，则会阻碍企业的发展。

▶ 企业的成长通常会被经营者的思维空间限制

德鲁克管理观察：一个企业只能在企业家的思维空间中成长，一个企业的成长通常会被经营者的思维空间所局限。

▶ 企业没有危机感与忧患意识注定失败

看板式法则：一个没有忧患意识与危机感的企业注定会是一个失败的企业。

▶ 企业中没有没用的人才

特雷默定律：每个人的才华虽有高低之别，但是一定各有长短，在一个团队中，每个人都各有所长，更重要的是领导能够把这些人的专长运用到最适合他的岗位，使企业繁荣昌盛。没有无用的人，只有不会用人的人。

▶ 每个触犯公司制度的人都应该受到处罚

热炉法则：每个公司都有自己的规章制度，单位中的任何人触犯了规章制度都应该受到处罚。

▶ 让企业在竞争中求生存

犬獒效应：管理者要学会让企业在竞争中求生存，困境是造就强者的学校。

▶ 不称职的人存在于每个公司

欧文机构异常论：每个公司都有一些不称职的人。

▶ 企业中存在死角

死角效应：在军事上，火器射程之内但是却射不到的地方被称为"军事死角"，企业中同样有这样的死角。

※ 推论

最大的死角，常常会成为最大的误区。

▶ 有人在公司发牢骚说明这个公司或老板比其他公司强

牢骚效应：一旦公司中有敢于在公司对工作发牢骚的人，那么这家公司或者老板一定比那些没有这种人或者有这种人但只能把牢骚闷在肚子里的公司或者老板成功得多。

※ 推论

1.牢骚是一种改变不合理现状的催化剂。

2.虽然牢骚不总是正确的，但是能够认真对待牢骚总是正确的。

▶ 通常下级只记住了上级在开头对自己的批评

波特批评定理：在面对诸多批评的时候，下级常常只记住了开头的一些，其余都过滤掉了，因为他们正在忙着思考列举什么样的证据来反驳开头的批评。

▶ 只要有等级存在，所有人都想晋升

彼得原理：在等级制度下，所有员工都想要晋升到他们不能胜任的位置上。

▶ 怎样的人才算优秀

优秀与完美的定义：如果提供了足够多的实情，每个人都能做出决定。优秀的主管可以在没有足够多的实情的情况下做出正确的决定，一个完美的主管可以在毫不知情的情况下做决定。

▶ 命令越多，问题越严重

罗伯逊官僚机构规则：下越多的命令去解决问题，问题就会变得越加严重。

▶ 招聘应该招怎样的人

洛夫特斯员工招聘理论：

1.远道而来的人似乎总比本地人才更加优秀。

2.招聘员工招的是希望，而不是经验。

▶ 知道接下来该做什么的人会被解雇

解雇定理：任何组织中总会有个人知道接下来应该做什么，但是这个人一定会被解雇。

▶ 管理要注意打好地基

浦木清十郎管理法则：管理企业就好像是在修塔，如果一心想着往上砌砖，却忘记了打地基，总有一天会倒塌。

▶ 一切事故都是人造成的

海恩法则：

1.事故的发生是量的积累所造成的结果。

2.再好的技术，再完美的规章，到了实际操作的时候，也无法取代人本身的素质与责任心。

▶ 作为首领的鲹鱼一旦失控，整个鲹鱼群体也会失控

鲹鱼效应：鲹鱼因为个体弱小而常常群居，并将最强健的鱼作为首领。如果将这条作为首领的鲹鱼脑后控制行为的部分切除，这个鱼就会失去自制力，行为也开始乱了起来，但是其他鲹鱼依然会盲目跟随。

※ 推论

1.下属的悲剧大多都是由领导一手造成的。

2.下属觉得最差劲的事，就是他们跟着一个最差劲的领导。

▶ 员工的表现是管理者的镜子

岗位管理观察：员工的愚笨和无能反映了管理者的愚笨和无能。

▶ 能够同时装下两种思想而不影响行动的人智商高

托利得定理：检验一个人的智商是否高，只需要看他的脑子里是不是能够同时装下两种不同的思想，并且不会阻碍他行事。

▶ 盲目复制管理方法注定失败

洛夫特斯管理定律：有些管理者总是习惯照本宣科地搞管理，却不知道书的作者是谁，甚至不知道是什么书。

▶ 进度报告与进度成反比

斯威尼定律：进度报告越长，工作的进度就越小。

▶ 经理人在场与不在场

洛伯定理：对于一个经理人来讲，最需要关心的不是你在场时的情况，而是你不在场时会发生什么。

※ 推论

如果你想让下属什么都听你的，那么当你不在场的时候，他们将会不知道应该听谁的。

▶ 安放避雷针可以避免建筑物被雷击

避雷针效应：在一座高大建筑物的顶部安放一根金属棒，用金属线连接到地下的一块金属板上，利用金属棒的顶端放电，就能让云层中所带的电与地下的电中和，从而避免建筑物被雷击。

※ 推论

不善于疏导员工情绪的公司，必定会出问题。

▶ 零部件不及美国先进的米格-25成为世界一流的秘密

米格-25效应：苏联研发并指导的米格-25喷气式战斗机虽然在很多零部件上都要比美国落后，但是因为设计者考虑到了整体性能，所以在升降、速度、应急

反应等方面都成为了世界一流。

※ 推论

　　一个优秀的团队是个体的最佳组合。

▶ 收购让服务品质与产品质量变得更差

　　公司收购定律：只要是公司收购，合组公司的服务品质与产品质量都会变得更差。

※ 推论

　　1.收购方规模越大，对收购前项目的关注就会越小。

　　2.如果说不裁员，那一定是在说谎。

▶ 出色的决策不能少了出色的执行力

　　格瑞斯特定理：出色的决策要加上出色的执行力才能起到效果。

▶ 合作有时反而会一事无成

　　华盛顿合作规律：人与人之间的合作并不是简单地将人力相加，情况往往要比预想的复杂和微妙得多。在人与人之间的合作中，如果每个人的能力为1，那么10个人的合作结果有时会比10大得多，而有时甚至比1还要小。因为人不是静止的动物，有着不同的建议，相互推动的时候自然事半功倍，而相互抵触的时候则一事无成。

▶ 产品的取名定律

拉图尔定律：一个好的产品名称并不会促进劣质产品的销售，而一个坏的产品名称一定会让好产品滞销。

▶ 优秀的管理者不驱使下属

瓦格纳调查结果：

1.优秀的管理者并不会指使下属，而是做好自己分内的事情，也就是自己管理自己。

2.平庸的管理者只会管人，不管自己。

▶ 公司上下阶层之间的交流效率过低

沟通的位差效应：来自领导层的信息只有20%～25%会被下级知道并能够正确理解；而来自下级的信息被领导层知道的不超过10%，平级之间交流的效率却高达90%。

▶ 管理人员数与最佳人数

苛希纳定律：在管理中，如果实际管理人员的人数比最佳人数多两倍，工作时间就会多出两倍，工作成本就会多出四倍；如果实际管理人员的人数比最佳人数多出三倍，工作时间就会多出三倍，工作成本就会多出六倍。

▶ 有人出钱就有人出力

巴瑟特定律：只要有人肯出钱，就一定会有人过来出力气。

▶ 管得少就是管得好

通用电气公司总裁杰克·韦尔奇忠告：管的事情少，就是管理得好。

▶ 规定管理工作范围与条件只会失败

克霍尔忠告：管理工作的范围与条件，在原则上是不能明文规定的，因为管理活动是一个十分开放的系统，这个系统的输出与输入都花样百出，一旦约定范围就会失败。

▶ 用待遇来吸引人才，用事业来激励人才

海潮效应：如果能够用待遇来吸引人才，用事业来激励人才，这家公司就能留住人才；如果不能，那么人才一定会流出。

▶ 将员工当成合伙人

同仁法则：如果管理者懂得将员工当成是自己的合伙人，那么员工就会产生与企业共存亡的使命感，才会风雨同舟；如若不然，这个员工不是在企业中混日子，就是跳槽跑到对手家为对手服务了。

▶ 成功的管理者能够满足下属希望被赞赏的需求

"保龄球"效应：一个成功的管理者，会竭尽全力去满足下属希望被赞赏的心理需求，对下属亲切，鼓励下属去发挥自己的创造精神，帮助他们解决问题。相反，专门挑下属毛病，靠发威来震慑下属的管理者，也许能够战胜自己的下属，但是，一只暴怒的狮子带领一群绵羊，又能创造出怎样的辉煌呢?

▶ 管理者要让被管理者产生自己被小材大用的感觉，才能让公司成功

皮格马利翁效应：如果期待别人对自己留下好印象，就会认真表现出良好的行为；如果期待别人讨厌自己，那么就会表现得十分随便。也就是将人比作龙，那么就会像龙一样表现；相反，如果被比成马，那么就会像马一样反应。因此管理者要让被管理者产生自己被小材大用的感觉，如此才能激励员工。

▶ 管理者要学会听的艺术

威尔德定理：说的技巧有一半在听上，一问一答之间可以增益无穷。在企业内部，倾听是管理者与员工之间的沟通基础，但是在现实中绝大部分管理者都没有真正掌握"听"的艺术。

▶ 承认错误，会得到错误以外的东西

特里法则：正视错误，你将会得到错误以外的东西。承认失败，企业可以避免造成更大的市场损失，可以重新调整自己的市场策略，也就可以重新获得市场机会，如若不然，则可能会一直错下去。

▶ 再好的决策也经不起拖延

普希尔定律：如果有了一个好决策应该立即执行，因为再好的决策也经不起拖延。

※ 推论

思虑太多，会阻止人们迅速地做出决策，一个好的企业领导者不会拖拖拉拉下不了决定。因此一个再正确的决策，如果迟了，也会变成错误的。

▶ 信息与情报是赚钱的前提

沃尔森法则：将信息与情报放在首位，金钱就会源源不断地涌入。

※ 推论

你能够得到多少，常常取决于你知道多少。

▶ 英明决策前要进行有效的预测

儒佛尔定律：如果没有预测活动，那么就没有决策的自由。英明决策的前提是能够进行有效的预测。

▶ 做好准备、充分利用资源

松下水坝经营法则：随时随地做好准备，能够充分地运用各种资源，不论企业遇到什么困难，都能够长期而稳定地成长。

▶ 身处隧道，永远视野狭窄

隧道视野效应：一个人如果身处隧道，那么他拥有的只会是前后十分狭窄的视野。

▶ 1% 的错误会导致 100% 的失败

蝴蝶效应：在企业经营

中，有一点错误就必定会造成全部的失败。

▶ 完善的制度可以避免因为领导突然"坠机"而企业跟着殉葬

坠机理论：企业需要在平日的经营管理中采取恰当的措施，形成一套完善的制度，避免因为企业领导的突然"坠机"，从而导致企业跟着殉葬。

▶ 管理得好的工厂总是乏味而单调的

德鲁克观察：管理得好的工厂总是乏味而单调的，没有任何惊心动魄的事情发生。

▶ 普通员工不可能与地位高的人接触

士光敏夫定律：通常情况下，普通的员工不可能与地位高的人接触，他们只能通过管理者的规划与目标来揣测他是怎样的人。

▶ 企业在赚够资金成本之前，都在摧毁价值

德鲁克定律：除非一个企业产生的利润比它的资金成本高，不然这个企业就是亏损经营。在赚到足够的资金成本之前，企业并不是在创造价值，而是在摧毁价值。

▶ 风险与利益的大小成正比

士光敏夫定律：在管理中冒的风险越高，获取的利益就越大。

▶ 不能将管理机构的力量与作用绝对化

卡斯特定理：永远不能将管理机构的力量与作用绝对化。

▶ 管理艺术就是能在偶然中确定百分之百的成功

卡斯特忠告：成功的管理艺术，就是能够在一个充满偶然性的环境中，为自己的活动确定一个理由充分的成功比率。

▶ 程序管理可以解决99%的问题，领导负责解决剩下的1%

程序管理箴言：程序管理能够解决99%的问题，而领导的任务则是要确保那剩下的1%，也是决定性的1%不至于陷入俗套。

▶ 管理的实际功能

韦尔奇原则：管理就是把复杂的问题简单化，将混乱的事情规范化。

▶ 将创始人当皇帝对待的公司，迟早会关门

韦尔奇观察：首席执行官的任务就是一只手抓一把种子；另一只手负责浇水施肥，让这些种子能够生根发芽，茁壮成长——让你周围的人可以得到成长、发展的空间，不断创新，而不是将身边的人控制起来。你需要选择那些精力旺盛、能够用激情感染别人并且具有决断和执行能力的人才。如果将公司的创始人当成一个皇帝，那么从长远看来，这样的公司绝对不会获得成功，因为它不具备可持续性。

▶ 不同意见出现前不要做决策

艾尔弗雷德忠告：在没有出现不同意见之前，千万不要做出任何决策。

▶ 微软距离破产只有 18 个月

比尔·盖茨定义微软：微软距离破产永远只有18个月。

▶ 将微软顶尖的 20 个人才挖走，它将会变成无足轻重的公司

比尔·盖茨谈人才：如果有人将我们顶尖的20个人才挖走，那么微软将会变

成一家无足轻重的公司。

▶ 产品质量不是满分就是零分

松下幸之助谈产品质量：对于产品质量来讲，不是满分就是零分。

▶ 面对成就要保持战战兢兢

海尔管理理念：一个伟大的企业，在面对成就与夸奖时要保持战战兢兢、如履薄冰的态度。

▶ 有 85% 的公司倒闭是因为管理者的决策不慎

世界著名的咨询公司美国兰德公司的结论：世界上每100家破产倒闭的大企业中，有85%的公司是因为企业管理者的决策不慎而造成的。

▶ 90% 的信息 +10% 的直觉 = 成功的决策

沃尔森法则：一个成功的决策，是由90%的信息加上10%的直觉构成的。

▶ 爱比畏惧更能稳固公司

凯莱赫忠告：用爱作为凝聚力的公司要比靠畏惧来维系的公司更加稳固。

▶ 管理层次越少越好

比德维尔箴言：在一个公司中，管理层次越少越好。

▶ 领导者不仅要懂授权，更要能控权

史坦普定理：成功的企业领导者不仅是授权高手，更是控权的高手。

▶ 想赚钱要么卖得多，要么降低管理费

克莱斯勒汽车公司总裁李·艾柯卡的管理意见：想要多赚钱的方法只有两个，一个是卖得多，另一个就是降低管理费。

▶ 无法评估就无法管理

评估与管理定律：对于一个公司来说，如果无法进行评估，也就意味着无法管理。

▶ 强调什么就必须检查什么

路易斯·郭士纳忠告：如果强调什么，你就要去检查什么；如果你不检查，在员工眼中，那等于是不受重视的事情。

▶ 三流的主意与一流的执行力强过一流的主意与三流的执行力

日本软件银行集团董事长孙正义管理忠告：三流的主意加上一流的执行力，永远要比一流的主意加上三流的执行力强得多。

▶ 越精炼的战略，越容易被执行

花旗银行前董事长约翰·里德格言：战略越是精练，就越容易被彻底执行。

▶ 做生意就要有当领头羊的决心

通用电气公司总裁杰克·韦尔奇誓言：如果通用公司不能够在某个领域坐上第一或者第二把交椅，那么通用公司就会把自己投资在这个领域的生意退出去。

▶ 宣传注重实效，受到奖励的却是做表面文章的人

宣传定律：我们总在宣传要讲究实际成绩、注重实效，但受到奖励的却常常是那些只会做表面文章、投机取巧的人。

▶ 实行平均主义只会得到一支差的员工队伍

史蒂格忠告：不要去搞平均主义，因为平均主义往往是惩罚表现好的，鼓励表现差的，最后得到的只会是一支坏的员工队伍。

▶ 不能说竞争对手的坏话是阿里巴巴经营原则

阿里巴巴网站经营原则：
1.第一，不能说竞争对手的坏话；
2.第二，不能说竞争对手的坏话；
3.第三，还是不能说竞争对手的坏话。

▶ 预测未必全对，却决定了企业的成败

杰蒂斯原则：虽然预测未来并不能够完全正确，但是预测却决定了一个企业的成败。

▶ 成功者从事的工作，大部分人会拒绝

韦特莱法则：成功者从事的工作，大部分的人都不想去做。

▶ 过度追求目标对团队行动造成影响

卢因定理：过度连续地追求工作目标，可能会对团体行动的内聚力与效率造成影响。

▶ 管理者除了考虑企业生死之外，还要考虑眼前的行动

饭田原则：管理者应该形成良好的习惯，就是在宏观考虑企业生死存亡的基础上，考虑一下眼前要如何行动。

▶ 决策的合理性是什么

决策合理性法则：决策的合理性，是在评价行为结果的一定的价值体系下，能够选择出恰当的代替行为。

▶ 相关的事物之间如果发生变化

连锁反应：无数个相关的事物，一旦其中的一个发生了变化，其他的就会跟着发生变化。

▶ 行动者与评论者

哈里森法则：行动者往往没有评论者高明，但是评论者常常没有行动。

▶ 在不记姓名或不了解的情况下，群体影响力较小

匿名情境：在不记姓名或者相互并不了解的情况下，群体规范或者他人的影响会减轻对个体的压力。

▶ 没有绝活只能失败

特纳论断：在竞争中，如果经营者没有让人惊艳的绝活，那么只能与失败者为伍了。

▶ 促成一项让人不是很满意的协议的后果

克伦特定理：促成一项让人不是十分满意的协议会比根本达不成协议更加糟糕。

※ 推论：

在勉强妥协中，常常隐藏着再次反抗的种子。

▶ 错误的人才留在错误的职位上

松下幸之助管理法则：让一个错误的人选留在一个错误的职位上，是每个企业成功道路上的一个障碍。

▶ 好用的员工与不好用的员工

老板的无奈：好用的员工待不久，不好用的员工赶不走。

▶ 老板与员工

老板与员工的对抗：所有的老板都低估了员工的能力，所有的员工都低估了老板的智商；所有的老板都高估了员工的耐力，所有的员工都高估了公司的薪水。

▶ 将现有管理者与组织层次减少一半或者四分之三才算精简

精简定律：将现有的管理者与组织层次减少50%甚至75%才能算得上是精简。

▶ 组织是一个不断演变的社会系统

卡那定理：一个组织不是一台静止的机器，而是一个不断演变的社会系统。

▶ 下属看你的行动就知道你的要求

杜嘉法则：你的下属只要一看到你的行动，就知道你对他们的要求了。

▶ 下属的工作能力越强，越不想听指挥

伯恩斯定律：下属在工作的时候，越是觉得自己有能力与效率，在完成工作的时候越是不愿意听命令与指挥。

▶ 讨论时间越长，讨论的越是一些无关紧要的小事

鸡毛蒜皮定律：大部分的管理者都是由一些不懂得百万、千万，只懂得千元的人组成的，以至当讨论各种财政议案时，会议花费的时间与涉及的金额呈反比，也就是涉及的金额越大，讨论的时间就越短；反之时间越长，谈论的都是一些没有多大用处的小事。

▶ 非必要成员越多，效率越低下

无效率系数：因为复杂的利益关系，进入到决策性委员会的非必要成员会越来越多，最后会导致会议开始变质，变得效率低下。于是，不得不在委员会重新设置核心决策委员会或核心决策团体。

▶ 有马蝇叮咬，再懒的马也会狂奔

马蝇效应：再懒惰的马，只要背上有马蝇叮咬，也会变得精神抖擞，飞快地奔跑。

▶ 级别高的人语速慢

威尔逊法则：级别越高的人，语速越慢。

▶ 有条理地做事能够解决很多问题

美国通用汽车的吉德林法则：将难题清清楚楚地写出来，问题已经解决了一半。

▶ 解决问题先要承认问题

阿什法则：承认问题是解决问题的第一步。

▶ 少定规则，严格遵守

关于规则的忠告：一定要少定一些规则，一旦定下来，就需要严格遵守。

▶ 加入到你无法战胜的群体中有益无害

史密斯原则：如果你无法战胜他们，就要学会加入到他们的群体中去。

▶ 失败也是一种机会

比伦定律：机会也包括失败。如果你在一年之中都没有过工作失败的记录，那么也就意味着你没有尝试各种应该把握的机会。

▶ 差错与成功

马瑞特法则：工作中的差错通常都发生在细节处，而成功主要取决于系统。

▶ 目标能指引未来并具有挑战性时最有效

洛克定律：当目标既能指引未来，又具有一定挑战性的时候，这个目标就是最有效的。

※ 推论

1.有了专一的目标，才有专注的行动。

2.过高的目标，往往最后连低水平都难以达到。

▶ 人数够了，质量堪忧

跨国公司管理者挑战第一定律：跨国企业管理者的一大难题就是人才数量充

足，但是质量参差不齐。

▶ 传统结构弱化变革

跨国公司管理者挑战第二定律：跨国公司有着传统的组织结构，虽然经验丰富，但是变革能力被弱化。

※ 推论

很多大型公司都继承了它们原有的组织结构，这个组织结构尽管已经成熟，但却是海外扩张的绊脚石。

▶ 跨国公司通常处理不好薪资问题

跨国公司管理者挑战第三定律：发展中国家的跨国公司在海外往往没有廉价劳动力可以使用，而且他们致力于缩减劳动力成本的行为会遭到冷遇。

※ 推论

发展中国家跨国企业会错误地认为世界上所有的劳动力都很廉价，却忘了发达国家的劳动力并不廉价，在与发达国家劳动者对抗时，因为发展中国家没有强大的、独立的工会组织，所以新兴跨国公司在处理与强大的工会组织相处的问题上也会败下阵来。

▶ 管理者常常犯的十大错误

1.奖励规避风险的行为，却对承担风险的人强加指责。

2.奖励只贪图眼前利益的行为，却对彻底解决问题的人熟视无睹。

3.奖励盲目跟风的行为，却对善用创造力的人进行指责。

4.奖励光说不做的行为，却没有留意默默行动的人。

5.奖励老实固执、总是蛮干的人，却对多动脑筋、灵活运用的员工心怀戒心。

6.奖励让事情变得越来越复杂的员工，却不注意鼓励将事情简化的员工。

7.奖励总是抱怨的员工，却忽视沉默而有效率的人。

8.奖励草率完成工作的人，却对有质量、有品质的工作进行指责。

9.奖励频繁跳槽的人，却对忠诚者熟视无睹。

10.奖励互相攻击的团队，却不屑用团结合作的团队。

▶ 并购往往会让公司越来越差

跨国公司管理者挑战第四定律：很多国家的跨国公司转向了国际投资以获取知识，这在很大程度上源于其对合资公司的不满。虽然希望双方交换市场、技术，但外国公司都不愿与其新兴市场的合作伙伴共享核心技术，因此新兴市场的公司大多通过并购等手段来获得技术，但是并购往往会让公司越来越差。

▶ 文化差异影响对高层人员能力的评估

管理者文化定律：文化差异影响到对高层人员胜任能力的有效评估。

※ 推论

一个企业如果没有公平公正的企业文化氛围，对高层人员胜任能力的评价工作不会有实际的效果。不同国籍管理人员的文化差异、经营理念、看待事物角度的不同，会对同一位高层人员得出完全不同的评价。特别是加上其他个人主观的因素之后，难免会有失公允。

▶ 财务指标误导高层管理者

财务误导定律：跨国公司认为短期内财务指标的上升，才能评价高层管理者的胜任能力，却忽视了由于短期的激励，可能导致高层管理者只追求企业的短期效益，而不顾及企业的长远发展，如企业形象、顾客满意度等。

▶ 经理人会被不可控制因素弄得焦头烂额

不可控制定律：跨国公司对其在外国的子公司或分公司的市场业绩、总利润及竞争力的贡献率都有明确的期望值。当根据期望值评估子公司高层管理人员的胜任能力时，常常不能掌握好影响高层人员实现目标的不可控因素。而这些不可控因素会让上层管理人员被搞得焦头烂额。

▶ 危机管理定律

1.越能够树立危机中的信息沟通理念，越能够有效消除企业和民众双方的不信任。

2.让公众对危机的实情有正确的认识，否则只会让错误变得更加严重。

3.越想要去掩盖事实，在民众中的形象就越会大打折扣。

4.如果企业不注意危机对公众的情感造成的影响，则很容易进一步激化公众的情绪。

▶ 英雄式领导的领导能力却是乏味的

英雄式领导能力不足定律：英雄式领导带有很强烈的浪漫色彩，但实际的领导能力却往往是乏味的。真正的领导更多的是默默无闻的，是更注重团队协作，是具备长远眼光，是认真、细致地合力建设一个组织。

▶ 不保护消费者权益的企业注定失败

消费者保护定律：只有对消费者负责的企业才会赢到民心，一心想要占消费者便宜的企业只会失去民心。

▶ 头号领导者是制度的最大破坏者

英雄领导灭亡定律：头号人物或是英雄本身往往是对制度的最大挑战与潜在破坏者。如果在日常的管理工作中，头号管理者的权威凌驾于企业制度之上，那么很可能向企业员工传递出这样的信息——领导就是制度本身。这对企业来说将是非常危险的。

▶ 管理者要先习惯发表反对意见或接受他人意见

反对意见定律：大部分人都不愿意提供所谓的负面反馈，因为从小受到的教育就是要有礼貌，要尊重他人的想法。但是建设性的反馈意见对管理者来说非常重要，因为这能帮助他们获得更大的成功。因此为了鼓励别人给你提出反馈意见，你必须自己先习惯于发表反对意见或接受别人的意见。

▶ 变革消息公布之后的情况

变革消息公布定律：在有较好公众解释与变革领导小组的条件下，变革消息公布之后，30%的人理解全新的企业运作，继续安稳工作；30%的人希望理解全新的企业运作，好让自己继续安心工作；30%的人比较糊涂或充满疑惑，无法安心工作；10%的人认为变革不合时宜，成为变革反对者。

▶ 重要管理决策都是在不确定性下制定的

不确定性定律：管理者必须获得所有必要信息，才能保证决策是在确定性的条件下做出的。但是实际上，知道必要信息的情况少之又少，因此大部分的管理决策都是在一定程度的不确定性下做出的。

▶ 总裁主要负责管理好自己的团队

通用电气董事长韦尔奇箴言：担任总裁的时候，75%的时间都花在挑选、评估、鼓励自己的团队上，因为不会设计，也不会制造，总裁的一切都要靠团队来完成，因此总裁的第一要务是管理好自己的团队。

▶ 困难往往比想象中更难

决策遇到的危机定律：在决策遇到危机之后，困难往往比想象的更难解决。

※ 推论

管理者很可能会遇到以下情况：

1. 原因和效果都不得而知的非常模糊的情况；
2. 可能威胁组织生存的罕见事件和极端事件；
3. 几乎没有时间做出反应的事件；
4. 让组织成员感到非常震惊的事件；
5. 必须要做出将会导致或好或坏变化的决策的两难局面。

▶ 对于知识型员工要满足他的精神需求

德鲁克定律：对于知识型员工，精神满足要比物质满足更加重要。

▶ 竞争优势来自对手

莫尔斯法则：可持续竞争的优势主要来源于超越竞争对手的创新能力。

▶ 危机能带来商机

格雷格·布伦尼曼法则：危机不仅带来麻烦，也蕴藏着无限商机，当然如果你把危机真的当成危机，那么它就只能变成危机。

▶ 管理者要抓质量

美国著名质量管理学家约瑟夫·朱兰博士箴言：20世纪是生产率

的世纪，21世纪是质量的世纪，质量是和平占领市场的关键要素，因此管理者不能总把眼光停留在效率上。

▶ 质量差、价格便宜不能长久存活

徐世明忠告：世界上没有一个质量差、光靠价格便宜的产品就能够长久地存活下来的企业，也就是说只懂得降低价格、不提高质量很难在市场上立足。

▶ 人才是利润最高的商品

柳传志管理经验：人才是利润最高的商品，能够管理好人才的企业才能成为最后的大赢家。

▶ 伟大的企业如何面对成就

海尔集团首席执行官张瑞敏忠告：一个伟大的企业，当面对成就的时候永远是战战兢兢、如履薄冰的。

第 12 章

→ 办公室墨菲学

　　为什么没有错误的重要邮件总会在发送的过程中产生错误？为什么做任何事情，特别是重要的事情时，要注意随时做好备份，一旦没有做好备份，原件就会坏掉？为什么如果不小心在打字机上同时按了两个键，打到纸上的一定是按错的那个键？为什么在办公室中，糊涂会让你被别人认为是没有主见，不糊涂则会让别人认为你很难相处……在办公室这个区域中处理的不只有工作，还有一些人际关系。办公室是一个充满魔性的地方，一些奇奇怪怪的事情经常会在这个狭小的区域中发生。

▶ 重要邮件总是会在发送过程中出现错误

办公室墨菲定律：没有错误的重要邮件总会在发送的过程中产生错误。

▶ 账单总是比支票早到

办公室财务定律：支票总是姗姗来迟，而账单却总是提前到达。

▶ 右手并非能做任何事

备份定律：练习用左手剪指甲，因为你的右手不是随时都管用。

※ 推论

做任何事情，特别是重要的事情时，要注意随时做好备份，因为不知道什么时候原件就可能会坏掉。

▶ 按错的键一定会打到纸上

德弗里斯困境：如果不小心在打字机上同时按了两个键，打到纸上的一定是按错的那个键。

▶ 休息一定会被老板看到

选择性监管论：你好不容易才抽空靠在椅子上休息，却被难得走出办公室的老板碰到了。

▶ 合作更费时间

合作定律：一个人花费一个小时就可以搞定的事情，两个人做常常需要至少两小时。

▶ 最容易控制的是最难控制的

办公室控制定律：最容易控制的，常常要比最难控制的还要难以控制。

▶ 犹豫不决的人可能是对的

做决定定律：在做决定的时候，犹豫不决的人很可能是对的。

▶ 工作分组的无奈

组合定律：在工作分组的时候，你希望在一起的人和常常与你作对的人总会和你分到一起。

▶ 干活最少功劳最大

夏皮罗补偿定律：干活最少的人往往功劳最大。

▶ 懒惰马上遭到报应

拖延定律：勤奋将来可能会获得回报，而懒惰马上就会遭到报应。

▶ 领导在场永远都不能活跃气氛

活跃定律：当领导在办公室的时候，气氛永远都是"团结、紧张、严肃"而不活泼的；而当领导离开的时候，气氛马上就会变得异常活跃，可以谈天说地，聊任何事情。

▶ 不能干的总是比能干的更讨领导欢心

不公定律：能干的总是有干不完的活，不能干的总是很闲。干得多的人犯错误的概率一定会比干得少的人大，往往备受领导责难；而干得少的人往往不会犯错误，给领导的印象也很好。

▶ 招聘结束的第二天，最合适的简历会出现

人事招聘定律：招聘结束的第二天，往往会有最合适的简历出现。

▶ 资料总在和你作对

组织法则：资料存档了，知道它在哪儿但是却永远用不上。资料没有存档，不仅要用而且经常找不到。

▶ 给人帮忙总是变成自己的事情

帮忙定律：本来是给同事帮忙，结果却变成了自己的事情。

▶ 失败会让职场新人陷入绝望

塞利格曼效应：初入职场的人，会发现自己不管如何努力，不管自己做了什么，最终的结果都是失败的，这种失败的心理，会让他的精神瓦解、斗志消失，最终放弃所有的努力，陷入绝望。

▶ 按照领导的指示行动会失去自我

执行定律：在工作中，总是摒弃自己的理想，以领导的理想为理想，只做领导安排的工作，早晚会让你失去自我。

▶ 与上司对着干，会下场惨痛

工作定律：在特定的情况下，人们都难免会产生逆反心理。但是，觉得自己有必要凡事都与上司对着干，那你就是在自讨苦吃。

▶ 盲目听从领导反而不会给领导留下好印象

毛毛虫效应：总是对领导言听计从、百依百顺，即便知道错了也不指出，结果不仅会让公司的利益严重受损，而且还会使自己在领导心中的形象一落千丈。

▶ 适当隐藏自己的锋芒

掩饰锋芒定律：当公司的员工都展现自己能力的时候，往往所有人的能力都不会得到上司的注意，因此想要拥有更好的发展空间，最好懂得恰当地掩饰自己的锋芒。

▶ 关键时刻，主管会杀鸡取卵

坏事定律：事情到关键时刻，每个主管都会杀鸡取卵。

▶ 一个人的提拔与不提拔

提拔定律：当大家都认为一个人应该被提拔的时候，这个人不一定会被提拔；当管理者觉得这个人应该提拔的时候，这个人很快就会得到提拔。

▶ 只要逃掉一个犯人，就是狱警的失职

监狱的职责纪律：狱警不管以前表现得多么优秀，只要有一个逃犯逃掉，那么就是永远的失职。

※ 推论

优秀的员工犯了一次错误，即使鲜少有人责怪，但是这次错误也会常被人提起，在他的事业中特别明显。

▶ 领导说好才是真的好

评比定律：领导认为谁表现不错，那么谁就是好员工。

▶ 一个人提出升职加薪成功率很大，除非另一个人反对

一票否决定律：在一个公司，如果一个人提出了升职加薪的要求，那么成功率往往会很高；而当另一个人站出来反对的时候，这种成功的概率一下子就会降到零。

▶ 领导批评不作为的员工时，这些员工往往都不在场

接受教育定律：每个公司都有一些整天无所事事、吊儿郎当的人，当领导到办公室批评这些人的时候，这些人通常都不在场，因此，办公室中经常会出现一些遵纪守法的员工接受批评教育的尴尬局面。

▶ 因为哭闹得到实惠让员工更加哭闹

哭闹定律：每个部门都有几个因为经常哭闹而得到实惠的人，这些实惠让他们更加有理由经常哭闹。

▶ 在其任不能胜任，工作必定由别人代替

能者多劳定律：在同一间办公室，虽然有的人在岗位上工作，但是却不能胜任这份工作，因此他的工作只好让能够胜任这份工作的人来代劳。

▶ 部门或个人评选不平衡定律

不平衡定律：每年都被评为优秀的部门或者个人，一年没有被评选上就会想不通；而从来没有被评为优秀的部门或个人，一旦当选就会意想不到。

▶ 工作量少的人拿钱多

少劳多得定律：拿钱越少的人工作量就越大，被解雇的概率也就越大；而拿钱越多的人越无事可做，而且特别不容易被解雇。

▶ 得到他人尊重的人，不会成为厚脸皮的人

厚脸皮定律：因为后天长期得不到他人的尊重，时间一久，人的羞耻感就会逐渐降低，变得对别人的不尊重行为习以为常。其实，脸皮就像是人手心上的肉，如果经常磨它，就很容易形成茧子，以后再磨下去，感觉就不会那么敏锐了。

▶ 缺少职业视野的人，不主动去了解的人

榴梿定律：如果去问一个没有吃过榴梿的人，你喜欢吃榴梿吗，那他一定无法回答——他既不能说自己喜欢吃，也不能说自己不爱吃。这样的说法，对于缺少职业视野却又不主动去了解的人同样适用。

▶ 无德无才的人感染力极强

酒与污水定律：当一个正直能干的人进入到一个十分混乱的部门，那么这个部门不会因为他的到来而改变，反而会将这个人同化；而一个无德无才的人如果进入一个高效的部门，也可能会把这个部门变成一盘散沙。

▶ 团队发生冲突往往是面子问题引起的

狄伦多定律：当一个团队或者机构发生激烈冲突的时候，常常是因为面子问题而引起的。

▶ 人越多，事情越没人做

责任分散效应：大部分时候，人越多，事情就越没有人做。

▶ 正视压力，就能消除紧张

齐加尼克效应：如果能够正视工作中产生的压力，合理地化解这些压力，那么就可以消除自己的紧张。

▶ 办公大楼设计得越完美，组织解散的时间越近

办公大楼定律：某个组织的办公大楼设计得越完美，装修得越是豪华，这个组织解散的时间就越近。

▶ 选择人才的方法是无用的

认识甄选庸才定律：人们设计了很多认识、甄选人才的方法，但是大部分的测试都是徒劳无功的，最终不得不靠偶然性标准来选择。

▶ 忌妒蔓延的办公室

忌妒的分级定律：在忌妒症蔓延的办公室中，高级主管因为辛苦而迟钝，中层干部钩心斗角，底层人员垂头丧气而不务正业。

※ 推论：

1. 如果办公室中出现了无能而又爱忌妒的人物，那么他就患上了"庸妒症（平庸而忌妒）"。

2. 这些庸妒症患者如果不幸进入到或者原本就在高层，那么他们会想尽一切方法来排斥那些比自己强的人，并拒绝提升能力强的人。

3. 办公室仿佛被喷上了毒药，只要是有才的人都不能入内，这也意味着公司进入了膏肓，已经无可救药了。

▶ 一个出色的人才顶得上 50 个平庸的员工

乔布斯定律：一位出色的人才能顶得上50名平庸的员工，因此要用人才，不能用平庸的人。

▶ 表现越优秀的人，越找不到合适的接替者

退休混乱定律：如果通常来讲退休年龄为R，在退休前3年（R–3），人的精力就会开始退减；问题是要如何挑选合适的接替者。工作表现越优秀，在任的时间就会越久，也就越难找到合适的接替者，而在位者总是想尽方法防止地位低的人靠近自己的职位，以至不得不延长自己的退休时间。

▶ 当下属做错事，抑制住干涉的念头很难

托伊论断：当上司发现下属做事的方向有所偏差的时候，能够抑制住干涉的冲动实在不是一件十分容易的事情。

▶ 在开始工作前做个实验，获取经验

试点效应：在进行某项工作之前，先做一个小型的实验，以便能够获得经验。

▶ 一流工作在最简陋的房子中做出来

利特尔定理：一流的工作常常是在最简陋的房子中做出来的。

▶ 人们是为了有自由发挥的机会才工作的

德普雷定理：人们之所以需要工作，是想要得到自由发挥的机会，如果这个愿望没有实现，他可能会去跳槽或者单干。

▶ 企业大多是在专才的人手中走向毁灭的

维勒斯定理：很多企业是在只有一方面才能的人的手中走向毁灭的。

▶ 有领导负责解决困难，会让下属信心倍增

威尔逊法则：如果下属知道有一位领导在负责解决困难，那么他们就会信心倍增。

▶ 永远排在倒数第二的位置上

办公室第一黄金定律：要清楚在自己的后面，还有一个排在最末尾的同事，而且可以为出现在他面前的错误、疏忽负责任是一件十分让你欣慰的事情，只要那个人不是你。你只要保住自己倒数第二的位置就够了，如果你就是那个倒数第一的倒霉蛋，赶紧采取措施逃出来，不然，你就要和公司说再见了。

▶ 当办公室同事起冲突时，插话就意味着错

办公室第二黄金定律：在办公室中，你会发现自己处于十分微妙的境地：当两个或者更多的人彼此看不顺眼，几乎马上就要起冲突的时候，你恰好在场。对于你不太灵敏的耳朵来说，听到的只是他们在谈论工作上的一些小事，但是你知道的不过是表面现象，根本原因在于这两个人从内心深处讨厌对方。这个关键时刻，你一定要压制住插嘴的冲动，紧紧闭上自己的唇，因为无论你说什么都是错的，这不是因为你缺少公正性或者交际能力，而是没人能在这个时候充当裁判。事实上，如果裁判员挡"路"，还会有被揍的危险。

▶ 不要去妄自揣测别人的心意

办公室第三黄金定律：每个人都有想要向同事展现自己如何与他们思路契合的冲动，但是如果你真的与他们思路契合，你就应该知道，他们多么喜欢你能听自己说话。从沐浴时唱歌，到在你的答录机上留下一长串的信息，再到在一个会议中将同样的一件事情用不同的方法讲5遍。人们似乎永远都不会厌倦在别人面前谈论自己。你需要做的只是让别人知道你依然醒着，并不是简单地回应就可以了。这样你就会被称赞是一个不只会听，还很了解别人的人，虽然你可能根本就不是。

▶ 发明一个容易解决的难题

办公室第四黄金定律：每个人都有实现自我价值的冲动，而想要实现自我价值，最好去发明一个容易解决的难题，并且把它给解决，而不是在复杂的公司关系中寻找真正难以驾驭的难题。也许你已经准备好了一份文件，只要稍做变动，或者只要为特定的市场找已经有的资料，而且你已经把问题"解决"了，这时再去请求老板协助，用这种方式来建立自己的名声，上司会认为你是一个上进的特别人物。

▶ 升职触犯众怒

触犯众怒定律：一个人最容易触犯众怒的事情就是升职。

▶ 人们不知道要做大公司的小职员，还是做小公司的大职员

迷茫定律：现代人的迷茫，在于不知道是要做大公司的小职员，还是要去做小公司的大职员。

※ 推论

1.当你选择当大公司的小职员时，公司很快就会运转不当出现问题，而小公司则会快速发展起来。

2.当你选择在小公司当大职员的时候，小公司总是发展不起来，而大公司发展得越来越好。

▶ 每匹马都认为自己身上的负担最重

马的感悟：每匹马都认为自己身上的负担是最沉重的。

※ 推论

1.部分基层员工永远觉得自己是受压迫的一方，永远受着不公平的待遇；但是，他们永远不会去想自己的能力是否能够攀上高位。

2.你永远觉得自己的工作带给自己无限的压力，但是你都没有去想过你的同事或者上司比你承受的压力或许更大、更重、更多。

▶ 做与不做的最大差别

做与不做差别法则：工作上的问题，做的人可以拥有评论权，不做的人没有，这是两者最大的区别。

▶ 爬上橡树的两种方法

升迁规则：爬上橡树有两种方法，一种是爬橡树；另一种则是坐在橡树的种子上。

※ 推论

1.除非你在公司里有背景，否则你只能靠能力爬上高位。

2.在你能力有限的时候，搭上别人的顺风车，或者攀上一棵大树，也是一种方法。

▶ 老板聊天、主管聊天与员工聊天

员工的牢骚：老板在办公室聊天是在办公，主管在办公室聊天是在沟通，员工在办公室聊天就是怠工。

▶ 不按照上级指示办事的人和完全按照上级指示办事的人

职场生存法则：有两种人都无法出人头地，一是不能按照上级的指示办事的人；二是完全按照上级指示办事的人。

▶ 富翁的秃顶

奋斗的代价：大家都注意到富翁坐着奔驰车，但是很少人会注意到他已经变成了秃顶。

※ 推论

1.多数时候，一个人能够成为你的上司，他一定比你更努力和有比你厉害的地方。

2.想要在公司中身居高位，你的付出就需要超出常人。

▶ 奇妙的职场规则

1.你可以不聪明，但是绝对不可以不小心。

2.你所说的每句话，老板都会知道。

3.不管什么时候，低调总是最安全的。

4.总将自己当成是最聪明的人的人，常常是最笨的。

5.你是上司的人，上司却不一定是你的人。

6.站在上司立场上想问题，站在自己立场上办事情。

7.高你半级的人是最危险的，同级的则是天然敌人。

8.做事做得好，干活干到老。

▶ 不要第一个打哈欠

哈欠定律：永远不要第一个打哈欠。

※ 推论

1.第一个对上司提出反对意见的人，往往危险最大。

2.别总是在领导面前说自己的任务难度有多大、自己有多辛苦，领导对你的印象和评价，应该是从你平时的表现和最终的劳动成果中体现出来的，而不是从你自己的嘴巴里面知道。

▶ 名次与帮助你的人数成反比

第二名定律：你的名次越高，帮助你的人就越少，如果你已经是第一名了，将会因为缺少帮助而成为第二名；而第二名往往会得到多方的帮助，它的坏处就是永远也成不了第一名。

▶ 工作之外的所有的工作

办公室职责定律：职责是你一定要做的工作，但是在办公室中，职责是你必须要做的工作之外的所有的工作。

▶ 参加饭局发言的无奈

饭局参加定律：公司组织一场饭局，如果你参加，你在饭局上的发言就会变成流言；如果不参加，那么你的流言就会变成饭局上的话题。

▶ 是否应该与公司的同事成为好友

办公室八卦定律：与一位以上的同事成为亲密朋友，你的所有缺点及隐私将会在办公室内被公开；而与一位以下的同事成为亲密朋友，那么所有人将会对你的缺点及隐私抱有强大的好奇心。

▶ 上班做事没加班与上班没做事加班

办公室加班定律：在办公室工作必须明白加班是一种艺术。如果在上班时间做事，会被老板认为因为没有加班而不够勤奋；如果你在上班的时候没有做事，你则会被认为工作效率低下不得不去加班。

▶ 认为自己没有错与认为自己错了

办公室接受批评法则：一定要熟练接受批评的方法。面对上司的判断，如果你认为自己没有错，那么你就缺少认识问题的能力；如果你认为自己错了，那么你就没有解决问题的能力。最好的接受错误的方法就是对错误避而不谈，还有一条就是不要跟老板讨论公正。

▶ 糊涂会被人认为没有主见，不糊涂被人认为难以相处

办公室糊涂定律：在办公室中，糊涂会让你被别人认为是没有主见，不糊涂则会让别人认为你很难相处。难得糊涂关键在于要掌握好糊涂的时机，什么时候糊涂取决于你不糊涂的程度。

▶ 不支持大部分人的决定与支持大部分人的决定

办公室集体主义原则：一定要清楚集体主义是一种选择，如果你不支持大部分人的决定，那么想法一定通过不了；如果你支持了大部分人的决定，就失去了晋升的机会——有能力的人往往会站在集体的反面。

▶ 不认可前辈与认可前辈

办公室资历定律：如果你不认可前辈，那么前辈就不会给你晋升的机会；如果你认可了前辈，那么在前辈还没有晋升之前，你也不会有晋升的机会——论资排辈的作用，就是为有一天自己能够晋升做打算。

▶ 天才应该避免得罪庸才

禁止智力排行定律：在办公室中一定要禁止智力排行。有才能的人应该尽可能避免得罪庸才。天才一定会得罪庸才，而庸才总是不愿意与天才相处。

▶ 利益之争能否被解决

利益争夺定律：利益的争夺如果面对面解决，就一定会变得无法解决；如果

不面对面解决，就一定不能真正解决。最终原则，是利益之争从来就不会被解决。

▶ 秘密存在的目的就是让人知道

秘密的存在意义：如果一件事情变成了办公室里的秘密，那么它存在的目的就是让人知道；如果一个秘密被所有的人都知道了，那么你一定会说不知道。同理，如果一个秘密所有人都说不知道，那么可以推断，这个秘密所有人都知道了。

▶ 如果发言有内容，最好选择不发言

办公室开会定律：开会不能不发言，发言的话就不能没有内容。如果你的发言有内容，那么最好先选择不要发言，因为这些东西通常都是领导要说的。

▶ 在办公室谈情

婚姻秘密定律：在办公室中要让婚姻状况成为秘密。已婚人士在办公室谈情说爱是一场喜剧，单身人士在办公室中谈情则是一场悲剧。已婚人士收获了一场办公室恋情，未婚人士收获了一场办公室婚姻。最后一点，不到万不得已，千万不要打老板女秘书的主意。

▶ 培训班不是春游，却总是被当作春游

办公室组织培训班定律：员工一定要明白培训班的意义，培训班不是轻松的春游，目的是让你能够学到职责之外的知识。但是，因为学习的知识在工作之外，所以培训班常常被当作一次轻松的春游。

▶ 学会摆谱

办公室摆谱定律：在办公室里一定要学会摆谱。如果你自己很靠谱却不懂摆谱，很多人会认为你不靠谱；如果你不靠谱却经常摆谱，所有的人都会认为你很靠谱。

▶ 员工要明白做表面文章的重要性

表面文章定律：员工要明白表面文章的重要性，能做成会议幻灯片的，绝对不在私下讨论；可以写成报告的，绝对不口头请示；如果一件事情你已经完成了，但是却没有交计划书，那么就等于你什么都没做；如果你一件事都没有做，却交了计划书，那么你就已经完成了一件事——任何学过工商管理的老板都偏执地认为，看计划书才是他们的工作，执行是下面的事情。

▶ 只懂得照亮自己与只会照亮别人

与集体分享个人成功定律：一定要学会与集体分享个人成功。所有人都只是一根蜡烛，要点燃自己照亮别人。如果你只懂得照亮自己，那么你的前途将会变得一片黑暗；如果你只照亮别人，那么你只能变成灰烬。

▶ 在办公室必须要懂得遵守规则

规定定律：要成为一个遵守规则的人，就需要按显规则办事；而想要被认为是一个懂得遵守规则的人，则需要按照潜规则办事。显规则与潜规则常常相反，所以当两者发生冲突的时候，按照显规则去说，按照潜规则去做，这才是最高的原则。

▶ 办公室座位布置法则

1.钉在墙上的行事表：一定要弄得密密麻麻的，老板交代的要用红笔标示出来。

2.个人记事簿：请翻开到有会议记录或者客户资料的那一页。

3.笔筒：一旁散放着红、蓝、萤光三种颜色的笔以及修正带，盖子全都是打开的。

4.散乱的草稿纸或再生纸：最上面一张写了一些东西，但字迹很草，有点看不懂最好。

5.切割板上放着凌乱的胶水、订书机、胶带以及切割之后的碎纸屑。

6.办公桌的旁边一定要放上一堆参考书：必须要以专业书籍为主，其中一本要摊开放在最上面。

7.书桌的另一旁要放着堆得高高的公司卷宗夹。

8.电话要放在最里面，以表示自己没有时间接听电话。

▶ 在办公室走动，一定要记得拿一份文件在手上

办公室走动定律：在办公室走动的时候，手上一定要拿着一份文件，因为你一定会碰到领导。

※ 推论

1.文件在手，说明你是一个勤奋而重要的员工；两手空空，说明你是一个游手好闲的员工；报纸在手，说明你是一个总在卫生间混时间的员工。

2.当你回家的时候，如果带着一些文件回家，会让人产生一种错觉，认为你的工作时间要比你的实际工作时间长。

▶ 你可以处理个人邮件，前提是你的老板不懂

电脑使用定律：你可以处理个人邮件，但是前提是你的老板不懂这些软件。所以，停下你的消极怠工，还是认真工作吧。

▶ 会议的决定权掌握在中间派手中

会议决定定律：中间派是真正掌握会议议题、具有决定权的人。一旦出现需要通过投票来决定的事情，那么关键的票数一定掌握在中间派手中。

▶ 搜集新鲜词汇，说给老板听

搜集词汇定律：收集一大堆新产品的名称、推销口号、缩写（这个最重要）。当你与老板对话的时候，要尽全力将自己所知道的词都说给他听。不需要

老板明白，只要他觉得你很努力就够了。

▶ 别着急在会议上发言

会议发言定律：不要着急在会议上自顾自地发言，因为一不小心下次连发言的机会都没有了。

▶ 会议结束前 5 分钟所有决策都已完成

会议定律：所有重要的决策，在会议结束之前最后5分钟都已经完成。

▶ 会议的价值与出席人数成反比

科尔兰会议定律：在需要开会的时候，会议的价值越高，出席会议的人数越少。

▶ 会议有时比问题重要

会议墨菲定律：如果一个问题导致召开了多次会议，那么会议最终会变得比问题更加重要。

▶ 办公桌越乱越会让老板觉得你能干

桌子越乱越好定律：能者多劳，办公桌越乱说明你越能干；桌子越整齐，反而会让老板认为你有太多闲暇整理而没有努力工作。

▶ 接听电话，先听电话留言

电话留言定律：如果你有电话留言，千万不要着急接听电话。要知道一个人不会无缘无故地找你，他一定是有事才会找你。你不妨先听听他的留言，然后在午饭时间（最好他不在的时候）进行回复。

▶ 鸡尾酒会的人员分布

鸡尾酒会公式：会议与鸡尾酒会同在，重要性不同的人参加鸡尾酒会，会选择在不同的时间出现，并会站到不同的位置上。将会场从左到右分为A～F六段，从进门处到最远端分为1～8八段，那么可以划分出48个区域。如果假定酒会开始的时间为H，那么最后一个客人离开的时间通常是最开始一位客人进场后2小时20分钟，则重要的人物通常会在H+75至H+90的时间段出现在E/7区域，当然最最重

要的人物也在里面。

▶ 66%的女同事不认为男同事的搭讪有不妥

男女同事相处定律：有66%的女同事会觉得男同事的搭讪或者微笑很正常，并没有什么坏想法，反而认为是自己魅力足够大。

▶ 努力受人欢迎，即便是伪装的

在办公室积极怠工定律：在办公室中，成为老板和同事眼中最努力的那个人，一定会受到老板和同事的欢迎，即便努力是伪装出来的。

※ 推论

假装很忙的方法：

1.造个假场景。一大早就来公司，打开电灯和电脑显示器，买杯咖啡放在自己的办公桌上，随手把夹克扔在椅子上，这样老板或者同事就会认为你是刚刚出去或者在约见客户。

2.改掉手机邮件签名。在使用手机邮件的时候，将签名弄得和电脑一样，这样对方看到签名之后以为你是从电脑发出来的。

3.改变手机铃声。将手机铃声和座机铃声改成一样，会让人觉得你比所有人都忙。

4.预设邮件发送时间。提前写好邮件，设定好发送时间，但记住千万不要写"看到请立即回复"。

▶ 办公室吵架定律

1.不是所有的事情都可以用吵架来解决，人际交往或者利益纠纷，这样的吵架只会让自己的格调降低。

2.不是所有的人都适合吵架。激烈的言辞和激动的情绪不是每个人都能正常承受的东西。

3.在办公室吵架，应该建立在彼此了解、信任的基础上。初次合作的两个人，还是应当尽量用平和的方式进行沟通，盲目地吵架会导致无端的猜疑，甚至造成关系的永久破裂。

4.吵架要目的明确，不能偏题。只有发生了具体的问题时才可以吵架，不能将吵架视为日常不满情绪的发泄方式。

5.吵架要注意语言方式。吵架应当就事论事，当事人可以直接表达意见，但不可言辞污秽，进行恶意的人身攻击，更不能越吵越远，最后变成"揭底口水大战"。

6.正视吵架的意义。吵架不是攻击性、压倒性地强迫对方接受自己的意见，而是通过比较激烈的方式，讨论问题并解决问题。不要寄希望于通过比试嗓门的高低而使他人臣服。

7.冷静对待吵架的结果。当"战事"平息之后，吵架的双方应当抽离出激动的情绪，客观地分析对方的意见或者指责，找出自身缺失或不足的地方加以改进和完善。

▶ 你的邻座总是消磨你最后一点耐心

办公室同事奇葩定律：你的邻座通常都是一个音乐爱好者，他喜欢用脚打拍子，消磨你最后一点耐心，而最让你无法忍受的不是音量，而是音调。

▶ 上司总是占用时间，到了法定假日就没办法了

开会达人定律：公司的上司总是能够发现"严重问题"，喜爱制作PPT和规章制度，占用你所有的休息时间和正常工作时间，但是到了法定假日他就没有办法了。

▶ 总有一个人热衷投资

投资搭讪定律：在办公室中，总有一个人在热衷投资，他们的口头语就是"这年头，只靠工资不行啊……"如果遇到这种情况，不妨回答说"正想找你借钱"。

▶ 喜欢告密的人本质是个孩子

告密揭秘：告密狂人不是在老板办公室，就是在去的路上，他们都长着一双无辜的眼睛，喜欢甜言蜜语，容易被小恩小惠收买，对于挡在他们晋升路线上的人，他们的方法就是向上司告密，其实没人知道，他们还是孩子。

第 13 章

→ 工作技能墨菲学

为什么你被关注的程度与你犯错误的次数会成正比？也就是说你被关注的程度越高，那么犯错的次数也就越多。为什么一旦事情搞砸了，任何改进措施都会让它变得更糟？为什么一个人要么掌握很好的专业技能，要么能够在生活中无孔不入，不然很难生存下去？为什么当你打开一个文件的时候，文件的可读性永远与它的重要性成反比……对于工作这项每个人都要去做的事情，它是严肃的，也是有趣的，它是复杂的，也是简单的，没有人去定义工作的性质，但是只要工作就一定会出现问题。你的工作技能是否会捉弄自己呢？答案应该是肯定的。

▸ 工作与人

泡菜效应：一种蔬菜，把它放到不同味道的水中浸泡，过了一段时间后，它们的味道也会不同。

※ 推论

一个工作环境能够成就一个人，也可以毁掉一个人。人可以通过努力来改变环境，让自己的生存环境越来越好。

▸ 真正的危险是没人跟你讨论危险

吉尔伯特法则：工作危机最明确的信号，就是没有人去告诉你应该怎么做。

▸ 一切观点都能在专家那里得到证明

海勒姆定律：只要咨询足够多的专家，就能证明一切观点。

▸ 有人检查工作，自己会更努力

赫勒法则：当人们知道有人会检查自己的工作成绩时，工作会更加努力。

▸ 解决方案会引发更难的问题

工作墨菲定律：每个解决问题的方案都可能会引发另一个更难的问题。

▸ 需要全神贯注的事情总与心烦意乱同时出现

烦心墨菲定律：每件需要你全心全意关注的事情，总是会与不能抗拒的心烦意乱同时出现。

▸ 数据出错与逻辑出错

克里斯蒂和戴维斯原理：如果数据出错而逻辑正确的话，结论一定是错误的。但是，如果逻辑出错，数据正确，说不定能够得出正确的结论。

▸ 讨论问题比解决问题更重要

问题墨菲定律：讨论问题要比解决方案更加重要。

▸ 被关注的程度与犯错误的次数

概率法则：你被关注的程度与你犯错误的次数成正比，也就是说你被关注的程度越高，那么犯错的次数也就越多。

▶ 准确的测量与专家的意见

乌特维克定律：一次精准的测量比得上一千条专家的意见。

※ 推论

1. 与其听同事、老板的经验或者建议，不如自己去实际调研一次。

2. 任何项目、报告的依据不能只是自己的揣测，而应该有实际的精准数据。

▶ 谈判时间要拿捏准确

谈判时间定律：不要在上午10点以前或者下午4点之后进行谈判。因为在上午10点之前进行谈判，会让你变得焦急；在下午4点之后谈判，对方会认为你在孤注一掷。

▶ 一个不值得做的项目不值得好好做

戈登定律：如果一个研究项目完全不值得做，就不值得好好做。

▶ 没有任何措施可以挽救搞砸的事情

坏事定律：一旦事情搞砸了，任何补救措施都会让它变得更糟。

▶ 狡猾的狐狸与老实的刺猬

伊拉斯谟忠告：狐狸诡计多端，有无数种狡猾的方法；而刺猬只有一种技能，但这种技能却是最有用的。

▶ 费内格规则

1.要学好一门功课，首先要在开始之前完全了解它。

2.一定要保存数据记录，它能够说明你在干活。

3.总是要先将曲线画好，再标出你的理解。

4.如果没有把握，也要说得像真的一样。

5.不要相信奇迹，但是要依赖奇迹。

▶ 作家的秘密在于顽强

杰克·伦敦箴言：作家技能的秘密就是顽强。

▶ 怎样生存下去

索尔仁尼琴定律：一个人要么掌握很好的专业技能，要么能够在生活中无孔不入，不然很难生存下去。

▶ 两种情况会让人高估自己的能力

能力定律：通常来讲，在两种情况下，人们会高估自己的能力。一种是处在热恋中的男人，他们会天真地发誓说要为女朋友做超出自己能力范围的事情；另一种则是当了组长想当经理，当了经理想当总裁的人。

▶ 不练习技能的天才会失去才能

德拉克罗瓦定律：不管是在哪一行，都需要职业技能。天才之所以能够成为天才，只不过是因为其有聪明的头脑以及明确的目标，并能够不断练习，没有这一点，即便是上天赐予的才能，也会消失得无影无踪。

▶ 刚学的东西会告诉你昨天学的东西是错误的

学习定律：人每天都会学到一些东西，但是往往刚刚学到的东西，会告诉你昨天学到的东西都是错误的。

▶ 文件的可读性与它的重要性成反比

文件可读性定律：当你打开一个文件的时候，文件的可读性永远与它的重要性成反比。

▶ 想要把事情弄得一塌糊涂需要计算机

康普特准则：人是最容易犯错误的动物，但是想要将事情弄得一塌糊涂，还需要计算机的帮忙。

▶ 不到最后一分钟，所有的事情都没法办成

成功定律：所有的事情不到了最后一分钟，都难以办成。

▶ 做到行业的顶尖，必须专精

专精定律：只有在一个领域做到专业和精通，在这个领域才能有所发展。因此不管你在哪一个行业工作，都应该将成为这个行业的顶尖作为目标，只有你专业并精通的时候，你才能从这个行业中脱颖而出。

▶ 改行之后，原来的行业会飞速发展

埃特勒就业现象：工作的时候，所在的行业总是没有其他行业发展迅速。但是一旦改行，原来的行业就会飞速发展。

▶ 一下子学很多东西反而不能学更多东西

学习定律：在工作中想要学到更多东西的秘诀，就是不要一下子学习很多东西。

▶ 小事会引发巨变

多米诺骨牌效应：在工作中要善于观察，很多时候，一场巨变都是由一个小事引起的。如果你没有留意到，那么它引起的可能是翻天覆地的变化，因此千万不要小看一个错误，它可能让你所有的努力都化为灰烬。

▶ 犹豫不决是决策的大忌

布里丹毛驴效应：在需要做决策的时候，犹豫不决是决策的最大敌人。

▶ 第一次就把工作做好，不容忍错误

零缺陷定理：不要担心错误，不要接受错误，更不能容忍错误，第一次就把事情做对的人才有升职希望。

▶ 人的双重标准

双重定律：人们往往有两种不同的标准，在生活上追求完美，在工作上却是差不多就行。

▶ 忙忙碌碌不代表效率高

奥卡姆剃刀定律：焦头烂额、忙忙碌碌的工作并不会获得成功，因为事情总是会往复杂的方向发展，复杂就会造成浪费，而效能则来自于单纯。在做的事情中，大部分工作都是毫无意义的，真正有意义的只占一小部分，而这些有意义的事情通常都隐藏在繁杂的事物中。找到关键的部分，去掉多余的活动，成功并不那么复杂。

▶ 给自己设定一个高目标

吉格勒定理：给自己设定一个高目标就等于已经达到了目标的一部分。

▶ 事前花时间做计划会让工作总时间减少

布利斯定理：如果在做一件工作之前花较多的时间来做计划，那么做这项工作所需要用的总时间就会减少。

▶ 小部分往往掌控着全局

二八法则：小部分的努力，往往能够获得比较大的收获，因为起到关键作用

的小部分，通常都掌控着整个组织的产出、盈亏与成败。

▶ 不要指望拖延能骗过公司

关于拖延的忠告：如果你想要通过拖延来骗过公司，那么你就犯了一个大错误。因为在工作期间虚度时间伤害的不仅是你的老板，更深受其害的是你自己。

▶ 高效率工作者必须能够看到问题的关键

吉德林法则：高效率的工作者最应该具备的重要工作能力就是发现问题关键的能力，因为这是解决问题必须要走的过程。

▶ 自我反省让我们摆脱盲目工作

自我反省原则：自我反省可以让我们知道明天应该做些什么，应该怎样去做，可以让自己不再盲目地工作。

▶ 精神不佳，所有的一切都不会好到哪儿去

杜利奥定理：如果精神状态不佳，那么所有的一切都将会处于不佳的状态。

▶ 别在工作中站错了位置

工作木桶定律：如果在工作上站错了位置，用短处而不是长处来谋生的话，后果十分可怕，可能永远处于自卑和失意之中。

▶ 做好你的第一个决定

路径依赖：一旦人们做出了一个选择，就如同走上了一条不归路，惯性的力量会让我们的这个选择不断被加强，并让你不能轻易走出去，想让

工作高效就必须做好选择。

※ 推论
做好你的第一个选择，你就能在工作中顺利走下去。

▶ 简化工作流程

崔西定律：任何工作的难度都与执行时所需要的步骤数目平方成正比，比如完成一项工作需要三步，那么这个工作的困难度就是九；而完成一项工作需要四步，那么工作的困难度就是十六，因此要简化工作流程。

▶ 多付出一些，结果会有天壤之别

多一盎司定律：只要比平时多付出一些，就能获得超常的成果，简单来讲，成绩一般的人与成绩突出的人可能就只差"一盎司"，但是结果却有天壤之别。

▶ 越是在业务上有能力的人越有个性

个性定律：一个人在业务上越是有能力，就越是有个性；而越是没有业务能力的人，就越是没有个性。

▶ 没有掌握技术的人，技术就是死的

斯大林格言：如果没有掌握技术的人才，那么技术就是死的；而有了掌握技术的人才，那么技术就一定能够创造出奇迹。

▶ 太多知识信息会妨碍创新

朗加明调查：科学技术的发展史表明，太多的知识信息有时候反而会阻止和妨碍创新。

▶ 高科技越多，人越需要情感

奈斯比特定律：我们周围的高科技越多，那么人的情感就越被需要。

▶ 只看别人脸色行事的人注定会脱离队伍

本田宗一郎忠告：只看别人的脸色行事，将自己束缚起来的人，不会取得进步与发展，更不可能在科学技术日新月异的今天生存下去，他们注定会脱离队伍。

▶ 不能更新自己的知识与技能注定会落伍

学习定律：如果一个人不能使自己的知识与技能不断更新，那么他注定会跟不上步伐，在阅读本条的时候，千万不要认为这条仅仅适用于学者或者高级技术人员。

▶ 男人坚信自己的职业比其他职业重要

尼采哲学：男人们一直坚信自己的职业要比其他所有的职业都重要，如果不是这样，那么他将无法坚持这个职业。

▶ 每项工作都充满乐趣

卢梭观察：每项工作都蕴藏着无限的乐趣，只是有些人不懂得如何去挖掘其中的乐趣罢了。

▶ 最喜欢发牢骚的人没能力

高尔基定律：最喜欢发牢骚的人，就是没有能力反抗的人，也就是不会或者不愿意工作的人。

▶ 放弃你不喜欢的工作

工作箴言：放弃你不喜欢的工作，因为你如果喜欢自己的工作，就会喜欢自己，内心也会得到平静。如果你拥有这些，再加上身体健康，你将拥有前所未有的成功。

▶ 想要快乐工作的三个必要条件

拉斯金定律：如果想要从工作中获取快乐，就必须满足三个必要条件——工作要志趣相投、工作要适度、工作要让人产生成就感。

▶ "工作完成了没有" 会被 "工作如何完成" 代替

目标置换效应：对如何完成工作的关心，会渐渐被方法、技巧、程序等问题占据，最后反而忘记了对这个目标的完成。换句话说，也就是"工作如何完成"会慢慢代替"工作完成了没有"。

※ 推论

手段再高明也不是目的。

▶ 只要你有信心，你一定能办到

卡耐基定律：当你被一项工作吓倒的时候，不妨斗志昂扬地走向它，去完成那个可能不能完成的任务，只要你有信心，你就一定能办到。

▶ 下班的铃声是你思考的信号

艾柯卡忠告：如果你永远为做一名体力劳动者而满足，那么下班铃声一响，你就能够得到彻底放松。但是如果你并没有满足于此，而是继续努力，你将开创一番事业，下班的铃声不过是你开始思考的信号罢了。

▶ 大责任总是与大机会一起

德莱塞定律：最好的职位永远伴随着最让人头疼的困难，因为大责任总是与大机会一同前来。

▶ 工作后的疲劳带给人们愉快，懈怠的疲劳带给人们悔恨

石川达三忠告：由工作而产生的疲劳，能够让人们在休息的时候感到愉快；而由懈怠产生的疲劳，只会让人在休息的时候感到烦躁与悔恨。

▶ 没有机器可以完成一个伟大的人的工作

哈伯德定律：一部机器可以做50个普通人的工作，但是没有哪部机器可以完成一个伟大的人能够完成的工作。

▶ 解决问题离不开具体而可靠的事实

奥巴特定律：解决所有问题都离不开具体而可靠的事实，不然所有的事情都会变得一团糟。

▶ 你产生的念头可能是最危险的念头

卡蒂埃定理：当你产生一个念头的时候，这个念头可能是最危险的念头。因为这个念头只是一个想法，大部分时候，想法只是一瞬间的灵感，而并非深思熟虑且有数据支撑的报告。

▶ 克里普斯泰恩通用工程定律

1.申请专利的时候，发现有独立工作者早在一周之前就抢先提交了类似的申请。

2.时间安排越紧，交工的日期越不能确定。

3.规格的大小总是被表示成最不方便的形式。例如，速度表示成每星期多少弗隆。

4.只要是按照长度切好的电线都会短上一截。

▶ 当你觉得自己端起铁饭碗的时候，一定是哪里出错了

铁饭碗定律：如果你觉得自己在哪个公司端起了铁饭碗，那么不是你的感觉出了问题，就是你的公司出了毛病。

▶ 听取所有人意见的建筑师

丹麦谚语：如果建筑师听取所有人的意见，那么造出来的房子一定是扭曲的。

▶ 技术存放时间太长，没人要

技术存放时间：技术就像鱼一样，在架子上摆放的时间太长了，也就没人要了。

▶ 不要问老板怎么办

某公司老板在新员工培训会上的训示：不要问我应该怎么办，你应该告诉我的是已经办妥了。

▶ 只想在工作中获得报酬的人，永远获得不了工作以外的报酬

工作与报酬定律：只做能够获得报酬工作的人，永远都不会获得较多的工作之外的报酬。

▶ 最近的错误比最初的错误更糟糕

一位经理谈到经营管理角色时说：最近的错误要比最初的错误更糟糕。

▶ 老板需要会犯错误的兔子，而不是不会犯错误的乌龟

老板的需求：老板需要的是会犯错误的兔子，而不是不会犯错的乌龟。

▶ 有什么样的工匠，出什么样的伙计

俄罗斯智慧：工匠是什么样的，伙计就是什么样的。

▶ 对于好工匠来说，所有材料都是好的

工匠定律：对于一个好工匠来说，所有的材料都是好的。

▶ 裁缝只会缝衣服，缝鞋就外行

裁缝定律：裁缝会的是缝衣服的手艺，缝鞋就肯定不行了。

※ 推论

在工作上把自己的长处发挥到极致，而不要总想着在自己不擅长的领域发展。先把自己能做的事情做好了，再去想自己做不了的事。

▶ 跳舞不好的人抱怨自己的鞋子

比利时谚语：跳舞不好的人总在抱怨自己的鞋子。

※ 推论

1.是你能力不够造成的工作问题，就不要推给同事不配合、公司环境不好等因素。

2.工作上如果遇到了瓶颈，一定要先从自己的身上找毛病。

3.不要老是觉得同事或者上司在针对你，你确定自己真有让别人注意和针对的能力？

4.你总是嫌工资低，但是你有拿高工资的本事吗？

▶ 射手不是因为他的箭而出名

射手定律：好的射手不是因为他的箭而出名，而是因为他射中了目标。

※ 推论

1. 如果一个人比你职位高、处理问题快、脑子灵活，就不要总是拿对方"只是情商高而已，工作能力很普通"来说事。

2. 只要结果好，过程、形式就都不重要了。所以，老板不会管你用什么方法，他只是关心你最终出来的工作成果。

▶ 刀斧与工匠

芬兰民谚：在灵巧的工匠手上，任何刀斧都锋利；而如果到了笨蛋的手上，一切刀斧都是钝口的。

※ 推论

一个有核心竞争力的人到任何公司，都能够闯出自己的一片天地；而只想攀高位却能力有限的人，也就仅限于此了。

▶ 坏工作比没工作还糟

澳大利亚国立大学心理健康研究中心研究：一些工作如果不能振奋人心，它们所造成的心理影响将会比没有工作造成的影响还要糟糕。除非工作值得人们做或者容易处理，不然人们的回答通常是"没有工作的时候要比工作之后，感觉更加平静，更加快乐，更少有消极情绪与忧虑"。

▶ 专业化会清除一般化

屠格涅夫定律：一般化会被专业化逐渐清除。如果你要做一个没有专长的人，那么就意味着你将要做一个没有能力的人。

▶ 科学家的工作技能

科学家的工作主要包括三个部分：

1. 建立原理。

2. 从这些原理作出逻辑性的总结，以便能够道出关于它们的可以观察的事实。

3. 将这些可以观察的事实进行实验验证。

▶ 取得数据的技术与数据本身同样重要

贝尔纳名言：在一切实验科学中，取得数据的技术与数据本身几乎同样重要。

▶ 一份技术文件如果遇到不懂的单词，依然能够说得通

抓大放小规则：在一份技术文件中如果遇到一个你不懂的单词，那么先不用管它，没有它也完全可以说得通。

※ 推论

一定要学会抓大放小，我们不需要刻意将工作完美化到每一个小细节，因为同一个结果，在不同人看来总有瑕疵，你没办法让所有人满意。

▶ 工作一团糟的方程式

1. 只要有N个方程，那么就一定会有N+1个未知数。

2. 最需要的东西或者资料往往是最难得到的。

3. 当你尝试过所有的方法却不能领会要领的时候，大家会发现一个非常简单易懂的方法。

4. 困难总是一个连着一个。

▶ 领导询问的时候磕磕巴巴，回到办公室思路马上就会出现

领导询问定律：领导询问时总是磕磕巴巴，说不了一句完整的话，回到办公

室之后思路马上泉涌一般。

▶ 新同事与旧同事

换行法则：不管你是换了工种还是行车路线，到了新的地方，你都会发现那里的人比自己原本待的地方的人要敏捷得多。

▶ 机器总在你证明它坏了的时候好了

验证法则：当你按动开关，企图向旁边不耐烦的修理工证明你的机器出现问题时，你的机器会工作得很好。

▶ 再简单的工作都会出错

帕拉索定律：无论是多么简单的工作都可能会出错。

▶ 明天会比今天更疲惫

借口法则：如果你告诉老板，今天迟到是因为昨天工作太累了，那么到了第二天早晨，你会觉得比昨天更疲惫。

▶ 一条小裂缝可能让一艘大船沉没

富兰克林忠告：留意那些微小的开支，一条小裂缝就可能让一艘大船沉没。

▶ 职业是时间的当铺

职业定律：职业是时间的当铺，迫于生活压力的人们将生命中的大好时光全都典当给它，从此就再也赎不回来了。

▶ 汇报工作，要注重切题性

汇报工作定律：很多人在汇报工作的时候，只注意到了材料的重要性，却忘了考虑材料的切题性，因此汇报半天，也让人不知所云。

▶ 出错要第一时间道歉

工作出错处理定律：在工作中最重要的是知错能改。当执行任务失败时，即使你有充分的理由也不要辩解，要第一时间向上司道歉。如果你没有这样做，那么恭喜你，你不久就可以离开这个公司了。

▶ 工作能力是否被上司发现的探讨

工作能力定律：在大家处理工作都处理得很好的时候，你能力再强也很难被上司发现；在大家处理工作都遇到麻烦且没有办法解决的时候，你的超强工作能力将被上司发现，但是你很可能就要跳槽了，而你跳槽的地方，每个人的工作能力都很强。

第 14 章

→ 消费与销售墨菲学

在消费与销售中，我们经常会看到下面的现象：如果一种产品保证 60 天不会出现质量问题，那么到了第 61 天就一定会坏掉。不管你花了多少时间与精力货比三家，一旦买了下来，就马上会有商家在搞促销打折。人们拥有了一件全新的物品后，又会忙碌着为这件新物品配置新的物品。如果衣服的标签上写着"均码"，那么就代表只有部分人能穿……消费和销售并不是简单的等价交换，它也并不等价，在这场你情我愿的交易中，双方各自谋取自己想要的东西。你要怎么玩弄手中的金钱或者物品，一切全由自己决定。

▶ 产品会在保质期过后的第一天坏掉

消费墨菲定律：如果一种产品保证60天不会出现质量问题，那么到了第61天一定会坏掉。

▶ 你总是买不到合适的衣服

买衣服定律：

1.你喜欢的衣服，总是没有你的号码。

2.你喜欢的衣服，有你的号码，但是穿上去总不合身。

3.你喜欢的衣服，穿上去也很合身，但是价钱太贵。

4.你喜欢的衣服，穿上去很合身，价格也能接受，但是一穿就坏。

▶ 产品总会在你买下之后打折

买产品定律：不管你花了多少时间与精力货比三家，一旦买了下来，就马上会有商家在搞促销打折。

▶ 均码的衣服总是不合适

格拉泽定律：如果衣服的标签上写着"均码"，那么就代表只有部分人能穿。

▶ 保证越多的产品越不可信

贝思特定律：一个产品的保证越多，越不能相信，比如一个廉价的音响却标着"超级"的字样。

▶ 有了新物品后，又要给其配置新物品

配套定律：人们拥有了一件全新的物品后，又会忙碌着为这件新物品配置新的物品。

※ 推论

有了新手机，就想要买手机链、手机壳、手机贴膜、手机贴纸等。

▶ 你喜欢的产品仅供陈列

伊夫现象：你感到最合适并且最喜欢的商品总是仅供陈列，不予销售。

▶ 对商品的评价总会在你买完东西一周之后刊出

商品与评价定律：你购买一种商品一周之后，《消费报告》就会刊登相关文章对这款商品进行评价。

※ 推论

1.你购买的那款商品会被评为"最不受欢迎"产品。

2.你犹豫很久没有购买的商品会成为"最佳选择"。

▶ 快速付款通道的收银员动作最慢

弗拉格规则：在购物时，快速付款通道的收银员总是收银动作最慢的那一个。

▶ 抱怨最多的，往往是付钱最少的

实习定律：付钱最少的客户，往往抱怨最多；付钱最多的客户，会不断夸奖产品或者服务。

▶ 轻易满足顾客要求会让顾客不满

顾客不满定律：当销售人员很轻易地满足顾客的要求时，顾客不仅不会买账，还会想"怎么这么容易，那我是不是买亏了"。

▶ 越是有钱人越"吝啬"

花钱定律：越有钱的人花钱的时候越"小气"。因为自家没有养羊的人，永远都不懂得疼爱羊群。

▶ 在超市买的大部分商品都是计划之外的商品

购物超出定律：顾客在离开超市的时候，商品中有60%是在计划之外的。

▶ 狭窄购物通道会降低购买率

购物通道定律：消费者购物行为大部分都是临时性购物，如果货架中间的购物通道太过狭窄，那么消费者就会选择快速通过，从而降低了商品的购买率。如果购物通道变宽了，通常人们都会聚集在这里，商品也会被注意到，自然也会有更多商品被销售出去。

▶ 购物区域决定消费

购物区域定律：高价值购物区域，会引来越来越多的顾客驻足；而低价值的购物区域，则会越来越冷清。

※ 高价值购物区域主要有：

1. 超市的主要购物通道以及依超市外沿而建的跑道；
2. 顾客流右边的区域；
3. 顾客聚集的区域，并立刻能够被别的顾客看到；
4. 购物通道的交叉路口；
5. 收银台周边地区。

※ 低价值的购物区域有：

1. 物品中间的走道狭窄；
2. 顾客流左边的区域；
3. 超市入口处，顾客通常会选择快速通过；
4. 离超市入口特别远的地方；
5. 收银台背面的地区；
6. 有死胡同的销售地区；
7. 高层和低层的购物区（只对多层楼的超市适用）。

▶ 你要找的东西可能就在你眼皮底下

面条效应：超市里，你要找的东西可能就在你眼皮底下。当你最后不得不向超市的售货员求助询问面条的位置时，制作面条的热气会从他的头旁边冒出来吹到你的脸上。

▶ 喜欢买却又无用的东西

男女购物定律：男人最喜欢买却又最无用的东西是笔记本电脑，女人最喜欢买而又最无用的东西是鞋子。

▶ 所有东西在购买之前都是有用的

购买实用定律：所有的东西，在购买之前看起来都是有用的。

▶ 广告让买东西变得更加盲目

广告墨菲学：广告是这样一种东西，没有它，你买东西的时候偶尔会感到盲目；而有了它，你在买东西的时候经常会盲目。

▶ 男人花钱与女人花钱

男女花钱定律：男人花两元钱购买价值一元钱的东西；女人花一元钱购买她不需要的价值两元钱的东西。

▶ 贺西斯规则

1.所谓"新款"或"改进款"都名不副实。

2. "新款"和"改进款"的意思是价格将要上涨。

3. "全新""焕然一新"或者"超级新款"的意思都是价格将要暴涨。

商品广告标价为 50 元以内，那么肯定不是 19.95 元

麦高文广告格言：如果商品的广告价格为"50元以内"，保证绝不会是19.95元。

不写投诉信，收不到货物

邮购定律：如果不写信投诉，就一定收不到货物；如果写了信，那么在投诉信寄到之前，你一定会收到货物。

订货之后才发现更好的货源

订货法则：订货之后，就会出现很多其他的价格更低、交货时间更快的货源。

没有在第一时间买的物品很快会卖光

低价购物定律：如果你看上一件物品，没有在第一时间买下来，那么当你再回来买的时候，它已经销售一空了。

其他人的购物车总会挡住你

超市法则：不管你在超市里找什么，其他人的购物车都会挡住你。

总是在需要的时候找不到店员

零售定律：如果你想要随便看看，就会有一大批店员过来询问你是否需要帮助；而如果你想要买一款看中的东西，想要询问店员时，却总是一个店员都找不到。

银行服务人员总在你排到第一位时下班

银行法则：当你排到第一位的时候，银行服务人员下班了。

※ 推论

"请到下一个窗口"指向的那个窗口也会马上关闭下班。

▶ 资本与节约、消费的关系

亚当·斯密规则：资本因为节约而增加，因为消费与失策而减少。

▶ 男人逛商店是煎熬，女人逛商店是享受

男女逛街法则：男人如果想要陪老婆逛商店，最好多带一张信用卡；女人如果想要带老公逛商店，最好找一个有座位的店。男人逛商店，越逛越萎靡不振；女人逛商店，越逛越兴奋。男人在商店中只想买自己急用的东西，而女人逛商店则每样都想拿回家。

▶ 不要在饥饿的时候逛超市

饥饿超市定律：不要在饥饿时逛超市，不然很容易买多食物，而很多食物等你吃饱之后就根本不想再看第二眼了。

▶ 麦当劳以速度取胜

藤田田格言：当所有的餐饮企业都以味道在争取顾客的时候，只有麦当劳独树一帜地以速度取胜。

▶ 既会花钱又会赚钱的人最快乐

约翰生箴言：既会花钱又会赚钱的人才能说是最幸福的人，因为他享受了两种快乐。

▶ 各种商品的自我介绍

品牌牙膏：经常使用一款牙膏，可以固齿保健，永远保持功效。

杂牌牙膏：长期使用一种牙膏，会让细菌产生抗药性，后患无穷。

味精企业：味精都是从食物中提取出来的，可以大胆放心地无限量使用。

鸡精企业：味精一定不能多吃，吃多了对记忆力有害。

乳业公司：一杯牛奶可以强壮一个民族，牛奶是有百利而无害的，人们终生都不能断奶。

豆浆厂家：牛奶也会中毒，牛奶中有太多的乳糖，总喝牛奶容易发胖。

健身房：生命在于运动，运动可以保持青春活力、延年益寿，咖啡厅、舞厅不利于养生。

娱乐业：过度地锻炼也有害，现代人节奏快、压力大，舞厅可以调剂精神，陶冶情操。

花卉行业：家庭养花有保健与美化的作用，净化室内空气，有益于身心健康。

美术业：室内养花有害健康，花草在夜间会与人争夺氧气，并且不能一年四季都开放；图画则不会有这些缺点，四季都能长青。

▶ 奢侈与浪费是原始人留下的旧俗

斯迈尔斯观察：奢侈与浪费都是原始人留下来的旧风俗。原始人一直热衷于狂欢，直到他们一无所有了，才开始去捕猎或者去战斗。

▶ 商店越少，食物与服务越差

服务法则：一个地方的商店越是稀少，食物与服务的价格就会变得越差。

※ 推论

如果只有一家特许商店，那么价格会高得离谱。

▶ 彩票越买越赔，越赔越买

彩票魅力定律：彩票的巨大魅力，在于它能够让一个人越买越赔，赔完之后接着买。

▶ 越是拥有就越是不满足

配套效应：人们在拥有一件新的物品之后，就会不断想要与其相适应的物品，以达到心理平衡。

▶ 每样东西比切合实际的价格少一分

销售墨菲定律：每样东西都比切合实际的价格少一分钱。

※ 推论

1.超市的商品价格都以9居多，比如2.99元、3.99元、4.99元……

2.顾客知道这些都是商家的骗术，但是依然会被骗得团团转，因为人们总认为那些价格只是比2元多一点，比3元多一点，比4元多一点……

▶ 折扣越多，你花出去的钱越多

折扣定律：折扣越多，从你手中流出去的钱也会越多。你花一整天的时间在商店里逛，就是为了省点钱，结果回到家的时候才发现自己破产了。这都是由"超级省钱""零利润"等标语的宣传造成的。

▶ 卖伞不怕暴风雨

雨伞销售商：让暴风雨来得更猛烈些吧，反正我是卖伞的。

▶ 在网上抢票永远在关键时刻断网

抢票定律：在网上抢购演唱会门票的时候，永远在订单提交的关键时刻设备会突然出现问题，或者突然断网，当设备恢复之后，票也没了。

▶ 网购的东西刚催货就到了

网上购物第二定律：在网上买的东西，迟迟不能送达，自己刚给卖家打电话催货，东西就到了。

※ 推论

如果没有当面验货，快递员刚走，你就发现货物出现了问题。

▶ 网上购物会出错

网上购物第一定律：在网上购物的时候，在提交订单的时候突然断网；提交订单成功之后，才发现收货地址填错了。

买完东西不问价

购物问价定律：买完东西之后，如果在另一个地方看到了同样的东西，千万不要去打听它的价格。如果非要问，一定比你买到手的便宜。

永远都不会错的购物原则

1.一个卖场的营业员比顾客还要多的时候，没有暴利是不能生存的！

2.货比三家永远都不会吃亏。在同行之中，竞争是无法避免的，因此对商家说说谎，不要有不道德的感觉。

3.商家最喜欢外行，如果你是一个不在乎钱的外行他就更喜欢了。买商品之前要先了解商品，了解得越多，不仅可以省钱，还能丰富知识、锻炼脑细胞。

4.钱在谁的手上，主动权就在谁手上。不要做上帝，那不过是用来满足虚荣心的称号，还是省钱比较实惠。因此不要着急付钱，定金交得越少越好。

5.不要炫耀自己很有钱，即便你是真的很有钱。商家嘴上奉承你，只是想要挣你的钱。

6.只有错买没有错卖。商家说"亏死了"永远都是骗人的。一笔生意只要能够成交就说明有利润可赚，因此千万不要对商家苦着的脸怜悯，他的心里其实在偷着乐呢！

当你在捕鼠器上放奶酪的时候，要给老鼠留下空间

过度推销定律：当你在捕鼠器上放上奶酪的时候，一定要给老鼠留下空间。

▶ 市场永远没有你想的那么简单

罗宾营销规则：

1.你的市场占有率并没有自己想象的那么高。

2.全部竞争对手的目标市场占有率加起来至少可以等于150%。

3.有市场但是顾客并不一定会光临。

4.当心缺少真实的市场需求。

5.低价加上远距离运输要好过高价加上近距离运输。

6.如果顾客为自己的午餐买了单，那么这笔生意就搞砸了。

▶ 有63%的消费者会根据商品包装来购买东西

杜邦定律：在购物中，有63%的消费者会根据商品包装来做出购买的决策，因此即便产品再好，如果包装很差，销量也不会很好。

▶ 一个名字不能代表两个商品

跷跷板效应：一个名称不能同时代表两个完全不同的产品，一个上来时，另一个一定会下去。

▶ 包装可以改变消费者的意愿

包装定律：一样的蛋糕，装在精美磁盘中，要比装在纸盘当中更得人心，人们总是心甘情愿地多掏出一倍的价钱；同样7盎司的冰激凌，装在7盎司的杯子里与装在10盎司的杯子里相比，人们不仅会高兴地选择前者，还愿意多付一些钱，这就是包装的力量。

▶ 优质的产品会被出口

阿尔钦–艾伦定理：在华盛顿州，质优味美的华盛顿苹果都被运往了别处。也就是说，相同附加成本被加上两个相似的商品价格上时，人们会增加对优质商品的相对消费量，因此优质产品会被出口，当地人吃到的往往不是最好的。

▶ 一名顾客受到冷落，会告诉更多的人

贝佐斯影响规律：在网络上，如果一名顾客觉得自己受到了冷落，那么他告诉的将不只是5个人，而可能是500人，甚至更多的人。

▶ 销售前奉承，不如销售后服务

销售法则：销售前的奉承，不如销售之后的服务。这是让客户成为永久客户的不二法门。

▶ 不能将产品与劳务销售出去的企业，管理再好也是白费

福尔克定律：一个企业如果不能将自己的产品与劳务销售出去，那么即便它的管理工作是全世界最出色的，也只是白费力气。

▶ 企业应该在一开始就制定合理的价格

松下幸之助经营法则：不应该借助巧妙的讨价还价挣钱，一定要在一开始就制定出合理的价格。

▶ 统一润滑油的碎碎念

统一润滑油的抱怨：2003年之前，我们不得不总在跟别人解释，我们做的不是方便面。

▶ 20 元的眼镜怎么卖

眼镜业的现状：20元的眼镜，200元卖给你讲究的是人情，300元卖给你讲究的是交情，400元卖给你讲究的行情。

▶ 消费者会被各种促销和服务弄得死去活来

折磨顾客定律：虽然消费者被尊为上帝，但是他们总是会被各种打折、返利、摸奖以及促销小姐的折磨弄得死去活来。

▶ 没有商人在买森林的时候不数树

托尔斯泰观察：没有一个商人在买森林的时候不数一下树木的数量，除非是别人送给他们的。

▶ 如果消费者的收入另有用途，产品的消费会减少

西斯蒙第消费论：如果消费者的收入还有其他的用处，那么任何产品的消费都会在与消费者的人数、爱好以及收入无关的情况下而减少。

▶ 想要把玻璃杯卖掉，就要把它擦拭得又光又亮

吉泰推销定律：如果想要将一只玻璃杯卖掉，最简单也是最聪明的做法就是先把它擦拭得又光又亮，让它看起来特别吸引人。只要是在交易中占据优势的人全部懂得这个普通的道理。

▶ 顾客永远是对的

沃尔玛公司的顾客服务原则：第一，对的人永远是顾客；第二，如果对此有疑问，请参照第一条执行。

▶ 任何新的发明会引发产品的价格下跌

发明定律：任何新的发明，只要能够在一小时内生产出过去两个小时才能生产出来的东西，那么就会让市场上所有这类产品的价格都下跌。

▶ 买主的评价会决定产品的价格

庞巴维克定律：在大市场上进行的经济交换，最后买主的评价会决定它的市场价格。

▶ 购物行为大多都是女性决定的

购物行为定律：市场调查显示，大概有80%的购物决定是由女性做出的，或者至少会很大程度上受到女性的影响。如果是购买日常用品，这个比例更会升到90%。

▶ 男性购物大大咧咧，女性购物则注重细节

男女购物差别定律：男性购物大大咧咧，女性购物注重每一个细节。比如，同样是买青菜，男人通常从柜台上随便拿一把，看一眼就放进购物车中；而女人不会，女人会拿起一把仔细检查一下，然后摇摇头，再拿起另外一把，重复上面的检查过程，直到找到自己满意的青菜。

▶ 有男士陪伴的女性的购物力会更强大

男性陪同消费定律：有一名男性陪同购物的时候，女性在卖场停留的时间会更长，更愿意试穿衣服，成交的概率也会增大，当然花的钱也会更多。

▶ 女性顾客购物花费的时间要比男性顾客长

购物时间定律：女性顾客在挑选的过程中花费的时间要远远长于男性顾客，相比之下，女性更愿意与导购进行交流并表现得十分敏感。女性购物的实质是想要在购物的过程中收获愉悦感，如果销售员因为小小的疏忽造成招待不周，或者看不起顾客，女性顾客会马上头也不回地走出店铺。

▶ 女性试穿的成交率要低于男性，与商品本身无关

试穿成交定律：女性试穿的成交率要远远低于男性，这与商品本身没有关系，即便是女性遇到自己特别满意的衣服，她们也要在试穿之后再做斟酌，决定是否要购买。

第 15 章

→ 投资墨菲学

　　为什么对投资不进行研究，就像是打扑克不看牌一样，必败无疑？为什么投资者的心理永远都是从众和追涨杀跌，但大家都在赚钱的时候却恰恰是集体套牢的危机时刻？为什么当众人都恐惧市场的下跌，真正有勇气入市的投资者仍是少之又少，但其中的成功比率却总是最高的？为什么投资理财不仅需要专业性知识，更加需要好性格、好脾气？冲动投资只会让你血本无归……金钱的游戏，所有人都可能一夜暴富，也可能一夜清贫，没人能预测这场游戏的输赢，包括上帝。

▶ 货币是国家躯体的脂肪

配第定律：货币不过是国家躯体的脂肪，过多的话会妨碍这一躯体的灵活性，太少的话则会让它生病。

※ 推论

1. 当货币的数量增加到超过商业需求的时候，它就不能比没有铸造的银子有更大的价值，因此有时候会被熔化。

2. 货币的唯一功用是周转消费品。

3. 少数商人的特殊利润几乎永远与国家的普遍繁荣背道而驰。

▶ 不要盲目投资

彼得·林奇投资箴言：对投资不进行研究，就像是打扑克不看牌一样，必败无疑。

▶ 投资从众很难成功

投资不从众定律：投资者的心理永远都是从众和追涨杀跌，但大家都在赚钱的时候却恰恰是集体套牢的危机时刻；当众人都恐惧市场的下跌，真正有勇气入市的投资者仍是少之又少，但其中的成功比率却总是最高的。

▶ 坏性格和坏脾气影响投资

情绪影响投资定律：投资理财不仅需要专业性知识，更加需要好性格、好脾气。冲动投资只会让你血本无归。

▶ 市场充满了不可控因素

柯蒂斯定律：市场并不像主流经济学理论说的那样理性，它充满了多种不可控因素，那些成功者之所以成为赢家，是他们善于利用其他交易者非理性行为的缘故。

▶ 不要挑战市场

莽撞定律：一些顽固分子特别喜欢和市场较劲，当市场证明其投资错误时，他们挂念着已经投入的成本，幻想有朝一日能挽回那些损失，甚至不惜动用更多的成本来捞回那些损失掉的成本。他们不肯容忍和承认自己的失败，结果只能是更彻底地溃败。也许，投资者们只有在被市场这辆载重卡车撞得头破血流时，才会意识到其强壮威猛和不可战胜。

▶ 分散投资没有意义

巴菲特投资忠告：分散投资是无知者的自我保护法，对于那些明白自己在干什么的人来说，分散投资是没有意义的。

▶ "这次不一样"很珍贵

约翰·邓普顿投资定律：形象投资中最贵的五个字是"这次不一样"。

▶ 聪明人善于抓住良机

查理·芒格定律：上天赐给良机，聪明的人就会重金下注，但其他时候，他们却始终按兵不动。

▶ 人有钱之后会变傻

马克思箴言：人一有钱，很快就会变傻。

▶ 投资中不要把尾巴当成腿

巴菲特调侃：如果一只狗连尾巴也算在内的话，总共有几条腿？答案还是四条腿，因为不论你是不是把尾巴当作一条腿，尾巴永远还是尾巴。投资也是如此。

▶ 人们在处理金钱的时候意外地盲目

卡耐基观察：人类70%的烦恼与金钱有关，但是人们在处理金钱的时候，却常常出人意料地盲目。

▶ 不要在糊涂时做任何事

吉姆·罗杰斯投资格言：除非你真的了解自己正在做什么，不然什么都不要做。

▶ 不要犯同样的错误，因为有更多错误等着你

伯妮斯·科恩忠告：同样的错误不要犯两次，因为还有很多其他错误在等着你去尝试。

▶ 保住本钱最重要

巴菲特忠告：第一，最重要的是能够保住本钱；第二，永远都不能忘记第一条。

▶ 跑完全程是获得冠军的前提

投资定律：在马拉松比赛当中，如果你想要获得冠军，就必须要跑完全程。

▶ 不能轻视市场的能力

威廉·欧奈尔箴言：经验表明，市场会自己说话，而且市场永远是对的，如果你轻视了市场的能力，那么你一定会吃亏。

▶ 投资之前做好承担痛苦的准备

索罗斯投资法则：如果你还没有做好承担痛苦的准备，那么赶紧离开吧，不要企图成为常胜将军，要想成功，就必须冷酷。

▶ 等待是最好的投资

吉姆·罗杰斯格言：人们要做的事情就是等待，直到钱都堆在了墙角，这时候要做的事情就是走过去把它捡起来。

▶ 不要在不懂的事情上投资

彼得·林奇投资劝告：如果在不懂的事情上投入大量金钱，注定会失败。

▶ 最可怕的是不知道如何应对未来的问题

索罗斯投资格言：不知道未来会发生什么并不可怕，可怕的是不知道该怎么应对。

▶ 金钱不能解决所有事

李嘉诚格言：并非世界上的每件事情都可以用金钱来解决，但是确实有很多事情只有金钱才能解决。

▶ 运用资金的纺织公司不是出色的企业

巴菲特投资理财名言：一匹能够数到十的马是只非凡的马，却不是出色的数学家。同样，一家能够合理运用资金的纺织公司是一家出色的纺织公司，却不是出色的企业。

▶ 钻石的碎片也比莱茵石有价值

巴菲特投资理财箴言：即便拥有的只是钻石的一部分，也要比得到一块完整的莱茵石好得多。

▶ 市场下跌让我们以便宜价捡到更多股票

市场下跌行为定律：市场下跌我们应该欢迎，因为它让我们以一种全新的、惊心动魄的便宜价格捡到更多的股票。

▶ 投资市场要坚持自我

投资市场定律：在市场上与很多愚蠢的人打交道，就好比在一家规模巨大的赌场，除了你之外，所有人都在狂吞豪饮，而如果你一直在喝百事可乐，很可能会中奖。

▶ 控制情绪有利于投资

巴菲特投资情绪名言：有效地控制情绪可以让投资的收益增加30%。这一点对投资十分重要，坏的情绪会让你的投资降低效益。

▶ 市场占有率低于 6.8% 不会被注意

蓝契斯特法则：市场占有率低于6.8%的产品或者事业都不会引起市场的注意。

▶ 你能提供的东西，你一个都不需要

贝克经济学定律：只要是你能够提供的东西，其实你都用不着。

▶ 当你正缺一分钱的时候，你越是找不到

卡麦洛捡钱定律：你正缺少一分钱的时候，满地也找不着平时总看得着也没去捡的这一分钱。

▶ 詹姆斯·蒙泰尔投资七大定律

1.一直寻找投资的安全边际。

2.市场从来没什么不同，每次的情况都是一样的，这一次也不例外。

3.要有耐心，等待泡沫自己收缩。

4.每个投资者都需要逆向思维。

5.风险是资本的永久性损失，而不是简单的一个数字。

6.对债务杠杆要保持怀疑态度。

7.绝对不对你不理解的东西投资。

▶ 交易成本为零，法定权利不会影响效率

科斯定理：交易成本一旦等于零，法定权利（即产权）的初始配置对效率的影响力将会为零。

▶ 理性与风险难题

厄尼斯特·拉克劳观察：人们对拿出比平常多的钱会习惯性地规避风险，而对于拿出比平时少的钱的人则习惯性地愿意冒险，而这个数目的大小取决于他们的收入情况。

▶ 弄懂农业经济学才能懂经济学原理

西奥多·舒尔茨定律：世界上大部分人是贫穷的，所以只有能够弄懂穷人的经济学，才能算是真正懂得了经济学原理，世界上大部分穷人都以农业为生，因此如果我们弄懂了农业经济学，就懂得了穷人的经济学。

▶ 操作过当，会一败涂地

操作过当：如果投资者过于享受操作的过程，造成操作过当，即便对市场判断正确，也会以失败告终。

▶ 投资并不是考智商的游戏

投资智商定律：投资并不是一场智商大考验，它并不是简单的一个智商为160的人就能够击败智商为130的人的游戏。

▶ 投资者应该明白自己不知道什么

投资未知定律：对于大部分投资者来说，重要的不是他们到底都知道些什么，而是他

们能够真正明白自己到底有什么是不知道的。

▶ 缺少信心的人会投资失败

缺乏信心失败定律：如果你在投资中缺少信心，心虚与恐惧就会掌控你的投资行为，最后造成你的投资惨败。缺少自信的投资者很容易产生紧张情绪，从而导致他们在股价下跌时马上抛出股票，而这样的行为近似疯狂，如同你刚买了一栋10万美元的房子，马上就告诉经纪人，只要有人出8万美元就转手卖掉。

▶ 短期价格波动并不要紧

巴菲特投资箴言：投资者要坚定自己的长期投资期望，不要过度在乎短期的价格波动，除非这些波动让投资者有机会能够以更便宜的价格增持股份。

▶ 钱在为你工作

巴菲特谈理财：你如何投资理财决定了你一生将会积累多少财富，而不是你能够赚多少钱。钱来找人胜过人去找钱，要懂得让钱为你工作，而不是你为了钱而工作。

▶ 投资人远离短期股市预测

短期股市效应：短期股市预测就如同毒药一般，应该把这些预测放在最安全的地方，远离儿童及其那些在股市中行为像孩子一般的投资人。

▶ 工作有激情且没有贪念的人适合投资

激情投资定律：具有工作激情且没有贪念，对投资过程十分入迷的人才适合投资工作，因为利欲熏心迟早会让你一败涂地；而淡漠金钱与财富的人则不适合玩这种"游戏"，因为他不喜欢所以没有激情。

▶ 投资难度高低并不重要

巴菲特忠告：投资者需要谨记，投资成绩并不像奥运会跳水比赛那样进行评分，难度的高低并不重要，哪怕你投资的是一家简单易懂的企业，只要你的投资正确且这个企业竞争力持续，那么收到的回报一点都不比你辛苦分析一家变量不断、复杂难懂的企业来得少。

▶ 不同的人投资不同的行业

行业投资理论：不同的人对不同的行业会有不同的理解，最重要的事情是你要明白自己到底了解哪些行业，以及什么时候你做的投资决策刚好在自己的能力范围内。

▶ 只要看对生意模式，就会赚很多钱

可口可乐投资模式：1919年，可口可乐公司刚刚上市，当时的股票价格为40美元左右。一年后，股票价格下降了50%，只有19美元。然后可口可乐公司又相继出现了瓶装问题、糖料涨价等。多年之后，又出现了大萧条、第二次世界大战、军备竞赛等，总会发生这样那样不利的事情，但是如果你在最初花了40美元买了这只股票，然后又用派发的红利继续对它投资，那么到现在，这只股票已经变成了500万。这个事实压倒了一切。因此只要你看对生意模式，你就会赚很多钱。

▶ 投资那些具有持续竞争优势的企业

投资集中定律：投资通常都集中在几只股票上而已，而且概念十分简单，真正伟大的投资理念往往用简单的一句话就可以概括。我们喜欢一个具有持续竞争优势并由一群既能干又全心全意地为股东工作的人来管理企业。当发现具有这样特征的企业而且我们又能用合理的价格购买的时候，我们出错的概率几乎为零。

▶ 投资人与管理好业务的经理人结合在一起也能成就伟业

成就伟业定律：一位所有者或者投资人，如果尽量将自己与一些管理好业务的经理人结合在一起，那么也可以成就伟业。

▶ 掌控住群众，才有可能获得成功

金融投资定律：金融世界是混乱、动荡而且无规律可循的，只有明辨事理，才能无往不利。如果将金融市场的一举一动当成是某个数学公式的一部分来分析，就不会奏效。数学是无法控制金融市场的，而心理因素才是控制市场的关键。更准确地说，只有掌握住普通人的本能才能控制住市场，也就是要知道群众将会在什么时候、用什么方式聚在某一种股票、货币或商品周围，投资者才有可能获得成功。

▶ 盯着自己口袋的小商人与盯着世界市场的大商人

眼光投资定律：只将自己的眼睛盯在自己小口袋上的是小商人，而将眼光放在世界市场上的是大商人。虽然都是商人，但是因为眼光不同、境界不同，最后的结果也不同。

▶ 不要用属于自己并且自己也很需要的钱，去挣不属于自己且不需要的钱

不属于定律：不要用那些属于自己并且也很需要的钱，去赚那些不属于你且你也不需要的钱。这样的投资太过愚蠢了。你要知道自己正在用最重要的东西做赌资去赢取那些对你来说并不重要的东西，就会觉得自己简直不可理喻。虽然你的成功与失败的比率是100∶1，或1000∶1，但是最终你很可能是那个1。

▶ 不要投资蠢人都会做的生意

不投资蠢人定律：不要对一门蠢人都可以做的生意投资，因为早晚有一天，蠢人都会这么做。

▶ 定期投资指数基金，可以让"门外汉"获得不错业绩

巴菲特投资指南：通过定期对指数基金进行投资，可以让那些"门外汉"获得超过大部分专业投资大师的业绩。

▶ 赌博赢钱的概率

赌博赢钱概率定律：赌博的嗜好一直是一笔大额奖金刺激一小部分投资而产生的，不管这种概率是多么的渺小。这也是拉斯维加斯赌场将他们设有的巨奖广而告之，州奖券用大字标出大奖所在的原因。

▶ 当你将自己手上的投资转卖出去之后

空头市场定律：如果某个人相信空头市场即将来临，从而将自己手中掌握的不错投资转卖出去，通常在股票卖出之后，空头市场就会马上转变为多头市场，从而再次错失良机。

▶ 想要在投资上取得成就

成就定律：想要在投资上取得成就，有两点是不可或缺的，那就是自己的自律与别人的愚蠢。

▶ 95%的人都无法忍受长期持股

长期持股定律：95%以上的投资者都忍受不住长期持股的折磨，想要长期持股必须具备四个条件：（1）有大量闲置的零钱；（2）有良好的选股能力；（3）超然的持股心态；（4）长期持股的信心。而这些东西都是别人没有办法给你的，需要自身去培养。

▶ 投资者在股价只有几块钱的时候害怕买，涨了之后疯狂买

一无所有定律：投资者在股票价格几块钱的时候害怕买，而在上涨到几十元的时候疯狂地买进。这样最后注定会亏得一无所有。

▶ 股市形势大好时，负面消息会被漠视

负面消息定律：在股市形势一片大好的时候，所有的负面消息都会被缩小或者被漠视，而一旦大盘出现了下跌，所有的利空都会放大。

▶ 投资与博傻

投资者称呼定律：当市场萧条的时候，投资者如果能够战胜恐惧，用几元的价格买进成长股，最后获得数倍、数十倍，甚至数千倍的收益，这个过程被人称为投资。而在股市一片大好时，以几十元甚至上百元价格买进透支股，这个过程

只能被人们称为博傻。

▶ 事先制定好交易

交易干扰定律：所有的交易买卖都不要在盘中做出，而应该提前制定好，这是每个投资者都必须掌握的基本功课，股市每分每秒都在变化，如果投资者不能回避盘中干扰，就会被情绪化的交易所干扰。

▶ 跌的时候怕涨价，涨的时候怕大跌

小散意识定律：跌的时候害怕涨价不舍得抛售，涨的时候又担心股票随时会大跌，每天患得患失，这样只会让你跌得更惨、涨得不顺。

▶ 买的时候慢一步，卖的时候快一步

逃避风险定律：买的时候慢一步，让其他资金替你先把底踩实了；卖的时候要比别人快一步，这样虽然少赚了一点钱，但是避免了被套的风险。

▶ 贪婪者的坟墓

贪婪定律：下跌趋势中的红盘反弹都是贪婪者的坟墓，这些人都是贪婪的殉道者。

▶ 做好长期投资，不能在乎短线波动

庸人自扰定律：很多事实都已经证明，对短线波动越在意，越是做不好长期投资。过度强调短期指标的作用，不过是庸医误人罢了。

▶ 连续上涨50%并出现15%换手率的时候

见顶定律：一只个股如果在短期内连续上涨50%并出现了15%以上的换手率，这就需要投资者们高度重视，因为这个阶段说明股价已经快要见顶了。

▶ 风险是涨出来的，机会是跌出来的

风险与机会定律：市场的风险都是涨出来的，而机会通常都是跌出来的。对大盘来说是这样，对个股来说也是这样。

▶ 威廉·欧奈尔法则

1.股市赢家法则是不买落后股，不买平庸股，一心一意锁住领导股!

2.主流类的股票，经常会涨得让人大跌眼镜，其他平庸个股，根本不会泛起一丝涟漪。

3.在投资前做好功课，懵懵懂懂随意买股票只会失败。

4.放手只会让亏损继续扩大，这差不多是每个投资者都会犯下的最大错误。

▶ 巴菲特投资法则

1.价廉物美：想要投资获得成功，关键要能够在市场价格大大低于经营企业的价值时，买入优秀企业的股票。

2.不犯大错：投资者并不需要把所有的事情都做对，他只需要在重大的事情上不犯错就可以了。

3.安全边际：在架设桥梁的时候，你要考虑载重量为100吨，但是在通车的时候，你只能允许30吨的卡车穿梭其间。这个原则在投资领域同样适用。

4.独立思考逆反：逆反行为与从众行为一样愚蠢，我们需要的是思考，并不是投票表决，但是很遗憾的是，"大多数

人都宁愿去死也不愿去思考，很多人都这样做了"。

5.不懂不做：投资是否成功与他是否真正了解投资项目的程度成正比。

6.覆水难收：重整旗鼓最先要进行的一步就是停止那些已经做错的事情。

7.按兵不动：有时候成功的投资秘诀就是按兵不动。

8.恐惧和贪婪：成功的投资就是需要在别人贪婪的时候恐惧，而在别人都因为恐惧而退缩的时候贪婪。

9.分析师与理发师：任何时候都不能问理发师你是否需要理发，分析师也一样。

10.投资杠杆定律：对于大部分公司与个人来说，命运常常会在你最脆弱的环节作弄你，其中最大的弱点就是酗酒和杠杆。太多的人因为酗酒而失败，大多数企业由于高杠杆而衰落。

11.越好越假定律：如果有什么好得让人难以置信，那么它很可能是假的。

12.预测定律：预测会发生什么比较简单，但是预测什么时候发生比较困难。

▶ 彼得·林奇投资法则

1.买进有盈利能力企业的股票，如果没有充足的理由不要随便将这些股票卖掉。

2.投资股市绝对不是为了赚一次钱，而是要一直赚钱。如果你想要靠一"搏"而发财，不如离开股市去赌场。

3.一直钟情于计算，在资产负债表中沉迷而不能自拔的投资者，大多数都不会获得成功。

4.某只股票比以前便宜并不能够成为买进它的理由，同样，只因为它比以前贵就卖掉也不是理性的方式。

5.华尔街并没有看到过一位投资成功的分析师，倒是有不少破产的。

6.公司办公室的奢华程度与公司管理层汇报给股东的意愿成反比。

7.想要决定对什么样的企业进行投资很简单，你可以走到商场看看最近在流行什么样的产品，看看公园中的青少年穿什么牌子的衣服、吃什么品牌的食物；家里长辈吃的药是哪些公司的，选择哪家企业的医疗服务；替你维修的工程师用的材料是哪个企业的……这些都是投资要懂的。

▶ 银行家

银行家的实质：银行家是这种人，在晴天里他把雨伞借给你，雨天又凶巴巴地把雨伞收了回来。

▶ 投资的收入就是脚上穿的鞋

投资与收入：我们的收入就像是我们穿的鞋，如果太小，就会感到夹脚；而太大了，则容易让我们走路费劲。

▶ 金钱不断循环

屠格涅夫名言：金钱不断地循环，但是让人郁闷的是，它每次都避开你。

▶ 捡来 100 元的快乐，难以抵消丢失 100 元带来的痛苦

损失规避效应：白捡100元所带来的快乐，很难抵消丢失了100元所带来的痛苦。

▶ 观察趋势要注意正反两方面的观点

投资与趋势：在观察趋势的时候，每个投资者都应该留心正反两方面的投资观点，就好像福尔摩斯的侦探故事中所写的："每个会咬人的狗都不叫。"

▶ 富人都容易犯的投资错误

1. 没有分散投资。
2. 没有投资计划。
3. 做出情绪性决定。
4. 没能定期评估投资组合。
5. 过于关注投资品种的历史回报。

▶ 投资者往往会见好就收

确定效应：投资者在选择确定的收益与"赌一把"之间，往往会选择确定的收益，这种见好就收的选择，虽然有利地规避了风险，却让投资者失去了大发一笔的机会。

▶ 大部分人的得失取决于参照对象

参照依赖效应：大部分人对得失的判断常常取决于参照对象，比如在多数人"其他人一年挣6万元，你年收入7万元"和"其他人年收入9万元，你年收入8万元"的选择题中，大多数人都会选择前者。

▶ 金钱就像种子，是吃掉还是种植，由你选择

斯坦利定律：金钱很像是种子，你能够吃掉种子，也能够种植种子，但当你看到种子长成了高高的谷物，你就不想要浪费它了。

▶ 买彩票的人知道中奖的机会微乎其微，依然心存侥幸

迷恋小概率效应：买彩票的人知道中奖的机会微乎其微，自己的钱有99.99%的可能支持福利事业和体育事业了，但是依然心存侥幸。

▶ 投资预测

索罗斯投资预测法则：预测最主要的特点，就是要持续不断地预测不可能成功的事情。

▶ 对一件事深信不疑，就应该投入，承担一定的风险

投资风险定律：如果对一件事情深信不疑，就应该努力投入其中，承担必要的风险是迎接挑战的一部分，也是一件十分有趣的事情。

▶ 理性的投资是发财最有效的手段

投资与财富：具备理性的投资才是发财最有效的手段。

▶ 赌徒不适合投资

迈克尔·斯坦哈特定律：投资者都应该用理性的眼光来投资，不要用赌徒的眼光来投资，不然一定会赔钱。

▶ 投资者要学会当机立断，忍痛割爱

雷克莱投资名言：对投资者来讲，要学会当机立断，忍痛割爱，不要紧紧抓着即将面临破产的企业投资不放，要有一定的预见性，不要将希望寄托在没有把握的企业重振上，那样只会让你输得更惨。

▶ 投资要屏蔽兴奋

巴菲特投资第一法则：投资要将兴奋屏蔽，至少不应该在错误的时间内兴奋。

▶ 内部消息 +100 万美元

巴菲特投资第二法则：有了足够的内部消息，再加上100万美元，就够你在一年之内破产了。

▶ 不要和市场斗，一次都输不起

迈克·马加斯定律：不要和市场斗，这就像是在跟卡车较劲，不管你赢多少回，但一次也输不起。

▶ 抵挡不住诱惑，别对财富抱希望

罗伯特·清崎忠告：如果不能抵挡诱惑，那么最好不要对财富抱有太大的希望。

▶ 储蓄与死是安享晚年的两个方案

马尔基尔发现：安享晚年有两个可行的方案——要么认真储蓄，要么死了算了。

▶ 借债就像是在偷情

巴菲特借债定律：借债就像是偷情，关键不是在与谁偷情，而是要看看和你偷情的是谁的人。

▶ 没怎么持股的经理人对待股东的态度

皮肯斯观察：如果经理人自己并没有持多少股，那么他对待股东的态度比他对待非洲狒狒的态度好不了多少。

▶ 基金经理与酋长

巴菲特看基金经理：基金经理对自己所持股票的了解抵不上酋长对自己100个老婆的了解程度高。

▶ 点数预测师的预测 95% 都是错的

马尔基尔定律：最需要注意的是那些点数预测师，即便是最著名的预测师，对市场的预测，也有95%都是错的。

▶ 投机的关键

凯恩斯名言：投机行为的关键就是判断是不是有比自己更大的笨蛋。

▶ 唾手可得的目标风险较大

风险与目标：对于大多数人来说，风险较大的不是你想要达到的高目标没有达成，而是那些你可以唾手可得的目标。

▶ 风险套利是关于怎么才能不赔钱的

保尔森观察：风险套利并不是关于如何赚钱的，而是关于怎样才能不赔钱的。

▶ 没有"大胆的老"飞行员

艾里斯箴言：就像是有"老"飞行员，也有"大胆"的飞行员，但是却没有"大胆的老"飞行员一样，也没有靠波段操作而一直成功的投资人。

▶ 建立在生意上的友谊和建立在友谊上的生意

洛克菲勒忠告：建立在生意上的友谊要比建立在友谊上的生意来得更好。

▶ 财务报表总是把人们真正想要看到的东西遮掩起来

施利特观察：财务报表就像是比基尼，展现出来的那部分固然十分重要，但是没有暴露出来的那部分才更加吸引人，也是人们真正想要看到的。

▶ 行情在希望中毁灭

邓普顿投资规律：行情总是在绝望中诞生，在半信半疑中成长，在憧憬中成熟，在希望中毁灭。

▶ 投资不能总盯着记分板

巴菲特投资技巧：投资就像是在打棒球，想要得分，就必须将精力集中在球场上，而不能盯着记分板不放。

▶ 两种预测者

加尔布雷斯定律：世界上有两

种预测者，一种是无知的，另一种则是不知道自己无知的。

▶ 能计算出天体运行的轨道，却无法算出人生的疯狂

牛顿炒股赔钱后的感叹：我能够计算出天体运行的轨道，但是却无法计算出人生的疯狂。

▶ 股市是没有围墙的社会财经大学，永远没有毕业生

股市没有毕业生定律：股市就是没有围墙的社会财经大学，只有留级与重读，永远都没有毕业生。

▶ 买进的股票会降价

股票市场理论：买进的股票越多，股价就会降得越低。

▶ 有经验的人和有钱的人的股票市场

朱尔评价股市：对于有经验的人来说，股票市场是获得更多金钱的地方，而对于有钱人来说则是获得更多经验的地方。

▶ 要学会分析股票

股票投资规则：我们与很多价值投资者的不同之处，在于我们愿意对看上去很贵的股票进行分析，以看看它们是否真的很贵。事实上，有的股票真的是很贵，但有些并不是。

▶ 股市好，进场价格也高

巴菲特格言：如果股市一片大好，那么你的进场券价格将会很高。

▶ 股市墨菲定律

1.股市里的高手不断写文章，将自己的股市心得写出来，当预测超前的时候，就会迎来不断的反对声，即便是你再有耐心地反复教育他，他依然不会听。

2.每一位股民都觉得自己很重要，其实在股市中缺了谁，都不影响股市正常运转。

3.你担心股价下跌，它偏偏会跌给你看；你天天盼望着它涨，它就偏不涨；你忍不住将股票卖了，它就开始涨了；你看好五只股，买进其中的一只，结果除

了你手上的那只股票，其他的都涨势喜人。

▶ 买进股票与卖出股票的人都自作聪明

费瑟格言：股票市场最让人发笑的事情，是每个同时买进与同时卖出的人都以为自己比对方聪明。

▶ 选择同一行业最好和最坏的两家股票

索罗斯投资格言：如果选择一个行业的股票，要选两家，这两家不是随便选的，应该选择一个最好的，一个最坏的。

▶ 不要期待你的股票在第二天就涨价

巴菲特投资理财箴言：拥有一只股票，期待它在下一个清晨就上涨是非常愚蠢的。

▶ 股价与流通盘成反比

股价和流通盘的反比例定律：流通盘越大，股票就越是不值钱，股价越低；流通盘越小，股票就会越值钱，股价就会越高。业绩对股市并不会起到什么作用，决定股价高低的主要因素是流通盘的大小。

▶ 新股发行第一天，一定能发财

钻空子发财定律：新股发行的第一天，股票的价格不受政府限制，因此涨多高都不违法，这是绝佳的发财机会。

▶ 澄清公告越澄越不清

澄不清定律：只要股票有所波动，公司董事就会迫不及待地发布澄清公告。可是这种公告往往澄不清任何东西，而且越是澄清越澄不清。最后这个澄清公告就成为了炒股的润滑油，最廉价的助涨助跌剂。

▶ 当大企业出现危机并有利可图的时候，应该赶快买进股票

不犹豫投资定律：当一些大企业出现暂时性危机或者股市下跌并出现有利可图的交易价格时，投资者应该毫不犹豫地买进股票，当然前提是危机是暂时性的。

▶ 保护投资者就是股市暴跌的信号

保护投资者定律：历史经验证明，越是口口声声喊着保护投资者，股市暴跌得越是厉害，历史上的几次股市暴跌，都高喊着保护投资者，股市最后全都跌得面目全非。

▶ 股评家推荐的个股快要封顶

个股见顶定律：只要是股评家在报纸或者电视上推荐了这只个股，就是个股见顶的时候到了。推荐的人越多，封顶就越快。

▶ 股票预测专家存在的价值

巴菲特看股票预测专家：股票预测专家唯一的存在价值，就是他们让人们觉得其实算命先生看起来还不错。

▶ 买股票不能只想拥有它 10 分钟

股票拥有定律：如果你在买进一只股票时不想拥有它10年，那么就不要考虑拥有它10分钟。

▶ 操作次数少的人，通常都是股市的赢家

亏损定律：越是操作次数少的投资者，越是懂得在历史低位的时候买进，并能够在股市中赚大钱。而如果他的一生都按照这个简单、正确的操作方式进行下去，那么资本增值的速度就会快得惊人。

▶ 不能承受股价下跌 50% 的人不应该炒股

炒股心理定律：不能承受股价下跌50%的人就不应该炒股，因为炒股之前就要做好赔本的心理准备。

▶ 在买入股票时要做好交易所关门的准备

巴菲特格言：不要打算在买入股票的第二天就赚钱，在买入股票的时候，先要假设明天交易所就会关门，5年之后才又重新打开，恢复交易。

▶ 股市要么买准优质股，要么买对强庄股

股票诀窍：股市赚钱有两个诀窍，要么就是买准优质股，要么就是买对强庄

股，前者是长线，后者是短线。

▶ 股市在希望涨的时候暴跌

股市趋势定律：股市在绝望中得到新生，在犹豫中上涨，在狂欢中死去，在大家都希望涨的时候暴跌。

▶ 卖出股票要懂得吃"八分饱"

是川银藏定律：卖出股票就像是在用晚餐，只吃"八分饱"不仅是境界，更是智慧。

▶ 和股票图表分析师一起吃饭不利于消化

马尔基尔忠告：永远不要和股票图表分析师一起吃饭，那样不利于消化。